应用型高等院校规划教材

电子信息系列

电路与电子技术实验

主　编◎凌　涛　陈夫进

副主编◎张文正　袁海娣

周　婷　余善好

吴晨红　黄　辉

CIRCUIT AND ELECTRONIC TECHNOLOGY EXPERIMENT

北京师范大学出版集团
BEIJING NORMAL UNIVERSITY PUBLISHING GROUP
安徽大学出版社

图书在版编目(CIP)数据

电路与电子技术实验/凌涛，陈夫进主编. —合肥:安徽大学出版社，2021.8(2024.8 重印)

应用型高等院校规划教材. 电子信息系列

ISBN 978-7-5664-2228-6

Ⅰ.①电… Ⅱ.①凌… ②陈… Ⅲ.①电路—实验—高等学校—教材 ②电子技术—实验—高等学校—教材 Ⅳ.①TM13—33 ②TN—33

中国版本图书馆 CIP 数据核字(2021)第 112601 号

电路与电子技术实验 **凌　涛 陈夫进 主　编**

出版发行: 北京师范大学出版集团
安 徽 大 学 出 版 社
(安徽省合肥市肥西路 3 号 邮编 230039)
www.bnupg.com
www.ahupress.com.cn

印　　刷: 江苏凤凰数码印务有限公司
经　　销: 全国新华书店
开　　本: 787 mm×1092 mm　1/16
印　　张: 9
字　　数: 259 千字
版　　次: 2021 年 8 月第 1 版
印　　次: 2024 年 8 月第 5 次印刷
定　　价: 30.00 元

ISBN 978-7-5664-2228-6

策划编辑: 刘中飞　张明举
责任编辑: 张明举
责任校对: 陈玉婷
装帧设计: 李　军
美术编辑: 李　军
责任印制: 赵明炎

前 言

电路与电子技术实验是电类基础课程，它的主要任务是培养学生基本的实验技能，掌握各种功能单元电路的工作原理和分析设计方法，具备应用所学理论知识解决实际问题的工程实践能力，发现并解决电子系统问题的能力，以及全面提高学生的实验素养和创新能力。

本教材按照培养应用型人才为目标，结合电类基础实验教学改革和课程建设的经验，在总结多年来实验教学实践的基础上编写而成。教材从实用性出发，较为全面地介绍了电路、电子技术实验的基础知识和应用方面的技能。全书共四部分，26个实验，既保留了传统的验证性内容，又适当增设了设计性、综合性实验内容。实验指导教师可根据学生的实际选取实验。附录部分介绍了电阻、三极管的基本概念，常用仪器的技术性能。

本教材由凌涛、陈夫进组织编写及统稿，参加本次编写工作的老师有张文正、袁海娣、周婷、余善好等。在本书编写过程中，得到了安徽三联学院和亳州学院有关领导的大力支持和帮助，同时参考了一些兄弟院校的实验教材和实验讲义，在此一并致谢。

由于编者水平有限，书中不足和错误之处在所难免，恳请读者批评指正，以便继续改进和完善。

编者

2021年5月

目 录

第1章　电学实验的基本知识

1.1　实验的目的、意义和要求

1.1.1　实验的目的和意义

实验是促进科学技术发展的重要手段，南宋诗人陆游曾在《冬夜读书示子聿》中说过“纸上得来终觉浅，绝知此事要躬行。”毛泽东同志在《实践论》中也明确表明“真理的标准只能是社会的实践。”同样，著名物理学家丁肇中也曾经说过“自然科学理论不能离开实验。”

在电子技术飞速发展的今天，实验显得尤为重要。在实际生产中，电子技术科技人员需要分析器材、电路的工作原理；验证元器件的功能；对电路进行调试、分析，排除电路故障；测试元器件及电路性能指标。所有这些都离不开实验。此外，实验还有一个重要任务，即树立理论联系实际和严谨求实的科学态度，培养人们勤于动手、勇于创新和探索的实践精神。因此，实验教学在人才培养中具有十分重要的作用。

1.1.2　实验课程的要求

为培养良好的学风和严谨的科学态度，充分发挥学生的主观能动作用，促使其独立思考、独立完成实验并能有所创造，我们对实验课程的每个环节提出以下要求。

一、实验预习

为避免盲目性，使实验顺利达到预期目的，每个实验者应在进行实验之前对实验内容做充分的预习工作。

(1)明确实验目的、任务及要求。

(2)掌握该实验的理论和方法，对于设计性实验则需要完成相关电路的设计任务。

(3)根据实验内容，拟出实验方法及步骤，对实验中应记录的原始数据列出相应表格，并初步估算出实验结果(包括波形)，最后写出预习报告。

二、实验操作

进入实验室后，为了保证实验效果，需按照实验操作规范进行实验，具体要求如下：

(1)自觉遵守实验室规章制度。

(2)认真听课，并根据实验内容合理布置实验现场，按实验方案对实验电路进行测试与调整，使电路处于正常的工作状态。

(3)实验过程中，坚持严谨的科学态度，认真记录实验所得数据、波形。测量时不盲目"凑数据"和急于求成，对实验结果的相关数据要做到"心中有数"。尤其在验证性实验中，实事求是，不得抄袭、弄虚作假。若实验过程中发生故障，应独立思考，仔细排除，并记下排除故障的过程和方法。

(4)发生事故时应立即切断电源，报告指导教师，等候处理。

(5)实验结束时，需将记录的原始数据(含波形)交给指导教师审阅签字，经教师验收合格后方可拆除电路，清理现场。

三、实验报告

实验结束后，必须及时撰写实验报告。实验报告是实验结果的总结反映。一个实验的价值高低，很大程度上取决于实验报告的质量。实验数据与实验结果是对电路进行分析研究的依据，因此，通过实验所获取的数据应真实反映在实验报告中，不允许更改、抄袭或主观臆测。实验报告撰写应该做到文字流畅、书写简洁、符合标准、图表齐全、分析合理、结论有据。

实验报告的主要内容如下：

(1)写清楚实验名称、实验日期、班级、姓名及学号、使用仪器名称等。

(2)规范地画出实验电路图，标明相关参数。

(3)认真整理和处理测试数据，按要求进行分析和计算。若需绘制曲线，应用坐标纸完成。找出产生误差的原因，提出减少实验误差的措施。

(4)写出实验的心得体会，以及改进实验的提议。

1.2 实验的安全操作规则

电工、电路实验离不开电源，而实验操作台上的电源一般有直流稳压电源、直流稳流电源、单相交流电源、三相交流电源。电压等级有 0～30 V 可调、单相交流 220 V、三相交流 380 V 等。国标规定，电压低于 36 V 的为安全电压，电流小于 10 mA的为安全电流。显而易见，在实验室操作台上存在着危险电压，学生、指导教师在实验时必须重视。为了人身安全和仪器设备的安全，实验者必须严格遵守以下安全规则：

(1)熟悉实验室的直流与交流电源，了解其电压、电流额定值和控制方式，区分直流电源的正负极和交流电源的相线与中性线。

(2)知道仪器、仪表的规格、型号、使用方法,特别要注意它们的额定值和量程。

(3)实验过程中,凡要接线路、改线路,都要先切断电源。通电前应全面检查线路,确认无误后再接通电源。

(4)实验中不得用手触摸电路中带电的裸露导体。改、拆接电路时应在断开电源的情况下进行,电容应用导线进行短接。

(5)实验进行中,发现异常现象,如仪表指针发生剧烈偏转,数字芯片发热严重,有烧焦味、冒烟等,应立即切断电源,报告指导教师,查找原因,排除故障。

(6)若仪器有漏电现象,则应立即切断电源并报告指导教师。

1.3 实验电路的调试

1.3.1 电路的调试方法

电路的调试是电子设计中非常重要的工作。对于一个新设计的电路,必须通过组装测试和调整才能发现问题、排除电路故障或修改电路参数,才能使设计的电路达到规定的技术指标要求。因此,掌握电子线路调试的技能,对于每个从事电子技术及相关领域工作的人员来说是十分重要的。

实验调试的常用电子仪器有直流稳压电源、万用表、示波器、信号发生器、频率计、逻辑分析仪等。调试的一般步骤如下:

一、电路的检测

(1)不通电检查。电路安装完毕后,首先应仔细检查电路连线,是否有漏线、错线等。尤其是线不能接错或接反,以免通电后烧坏电路,查线的方式有两种:一种是按照设计电路接线图检查安装电路,在安装好的电路中一一对照检查连线;另一种方法是根据实际线路,对照电路原理图按两个元件接线端之间的连线去向来检查。无论哪种方法,在检查中都要对已经检查过的连线做标记。使用万用表检查连线很有帮助。

(2)直观检查。连线检查完毕后,直观检查电源、地线、信号线、元器件接线端之间有无短路,连线处有无接触不良,各种晶体管或集成块等有极性元器件引线端有无错接、反接。

(3)通电检查。把经过准确测量的电源电压加入电路,但暂不接入信号源信号。电源接通之后不要急于测量数据和观察结果,首先要观察有无异常现象,包括有无冒烟、有无异常气味、触摸元件是否有发烫现象、电源是否短路等。如果出现异常,应立即切断电源,排除故障后方可重新通电。

二、分块调试

分块调试包括测试和调整两个方面。测试是在安装后对电路的参数及工作状态进行测量;调整则是在测试的基础上对电路的结构或参数进行修正,使之满足设计要求。

为了使测试能够顺利进行,设计的电路图上应标出各点的电位值、相应的波形以及其他参考数值。

调试方法有两种:一种是采用边安装边调试的方法,也就是把复杂的电路按原理图上的功能分块进行调试,在分块调试的基础上逐步扩大调试的范围,最后完成整机调试,这种方法称为分块调试。采用这种方法能及时发现问题和解决问题,这是常用的方法,对于新设计的电路更为有效。另一种方法是整个电路安装完毕后,实行一次性调试。这种方法适用于简单电路或定型产品。这里仅介绍分块调试。

分块调试是把电路按功能分成不同的部分,把每个部分看成一个模块进行调试。比较理想的调试程序是按信号的流向进行,这样可以把前面调试过的输出信号作为后一级的输入信号,为最后的联调创造条件。分块调试分为静态调试和动态调试。

静态调试一般指在没有外加信号的条件下测试电路各点的电位。如测试模拟电路的静态工作点,数字电路的各输入、输出电平及逻辑关系等,将测试获得的数据与设计值进行比较,若超出指标范围,应分析原因,并进行处理。

动态调试可以利用前级的输出信号作为后级的输入信号,也可利用自身的信号来检查电路功能和各种指标是否满足设计要求,包括信号幅值、波形的形状、相位关系、频率、放大倍数、输出动态范围等。模拟电路比较复杂,而对数字电路来说,由于集成度比较高,一般调试工作量不大,只要元器件选择合适,直流工作点状态正常,逻辑关系就不会有太大问题。一般是测试电平的转换和工作速度等。

把静态和动态的测试结果与设计的指标进行比较,经进一步分析后对电路参数实施合理的修正。

三、整机联调

整机联调就如马克思主义整体观里的整体和局部是统一的,是相互影响的观点一样。整机联调对于复杂的电子电路系统,在分块调试的过程中,由于逐步扩大调试范围,故实际上已完成了某些局部联调工作。只要做好各功能块之间接口电路的调试工作,再把全部电路接通,就可以实现整机联调。整机联调只需要观察动态结果,即把各种测量仪器及系统本身显示部分提供的信息与设计指标逐一比较,找出问题,然后进一步修改电路参数,直到完全符合设计要求为止。

调试过程中不能凭感觉和印象,要始终借助仪器观察。使用示波器时,最好把示波器的信号输入方式置于“直流”耦合挡位,可同时观察被测信号的交、直流成分。被测信号的频率应处在示波器能够稳定显示的频率范围内,如果频率太低,观察不到稳定波形时,应改变电路参数后测量。

通过调试,最后检查功能块和整机的各种指标(如信号幅值、波形形状、相位关系、增益、输入阻抗和输出阻抗等)是否满足设计要求,如有必要,再进一步对电路参数提出合理的修正。

1.3.2 调试中的注意事项

调试结果是否正确,很大程度上受测量正确与否和测量精度的影响。为了保证调试结果的准确度,必须减少测量误差,提高测量精度。

①测试之前要熟悉各种仪器的使用方法,并仔细加以检查,避免由于仪器使用不当或出现故障而作出错误判断。

②正确使用测量仪器的接地端。凡是使用低端接机壳的电子仪器进行测量时,仪器的接地端应和放大器的接地端连接在一起,否则仪器机壳引入的干扰不仅会使放大器的工作状态发生变化,还会使测量结果出现误差。

③测量时测量方法要方便可行。需要测量某电路的电流时,一般尽可能测电压而不测电流,因为测电压不必改动被测电路,测量方便。若需知道某一支路的电流值,可以通过测取该支路上某电阻两端的电压,经过换算而得到。

④调试过程中,不但要认真观察和检测,还要善于记录。记录内容包括实验条件、观察到的现象、测量的数据、波形及相位关系等,必要时在记录中应附加说明,尤其是那些和设计不符合的现象更是记录的重点。只有有了大量可靠的实验记录并与理论结果加以比较,才能发现电路设计上的问题,完善设计方案。

⑤出现故障时,需要认真查找故障原因,仔细作出判断,切不可一遇到故障解决不了的时候就拆线重新安装。因为重新安装的线路仍然存在各种问题,如果是原理上的问题,即使重新安装也解决不了问题。应当把查找故障、分析故障原因,看成一次很好的学习机会,通过它来不断提高自己分析问题和解决问题的能力。

1.4 检查故障的一般方法

1.4.2 检查故障的一般方法

查找故障的顺序可以从输入到输出,也可以从输出到输入。查找故障的一般方法如下。

1. 直接观察法

直接观察法是指不用任何仪器,利用人的视、听、嗅、触等作为手段来发现问题，寻找和分析故障。

直接观察包括不通电检查和通电观察。

不通电检查仪器的选用和使用是否正确；电源电压的等级和极性是否符合要求；电解电容的极性、二极管和三极管的管脚、集成电路的引脚有无错接、漏接、互碰等情况；布线是否合理；印刷板有无断线；电阻电容有无烧焦和炸裂等。

通电观察元器件有无发烫、冒烟，变压器有无焦味，电子管、示波管灯丝是否亮，有无高压打火等。

此法简单，也很有效，可作初步检查时用，但对比较隐蔽的故障无能为力。

2. 用万用表或示波器检查静态工作点

电子电路的供电系统，半导体三极管、集成电路的直流工作状态（包括元、器件引脚、电源电压）、线路中的电阻值等都可用万用表测定。当测得值与正常值相差较大时，经过分析可找到故障。现以图 1-4-1 两级放大器为例，正常工作时如图所示。静态时（$v_I=0$），$V_{b1}=1.3$ V，$I_{c1}=1$ mA，$V_{b1}=6.9$ V，$I_{c2}=1.6$ mA，$V_{e2}=5.3$ V。但实测结果 $V_{b1}=0.01$ V，$V_{c1}\approx V_{ce1}\approx V_{cc}=12$ V。考虑到正常放大工作时，硅管的 V_{BE} 为 0.6～0.8 V，现在 T_1 显然处于截止状态。实测的 $V_{c1}\approx V_{cc}$ 也证明 T_1 是截止（或损坏）。T_1 为什么截止呢？这要从影响 V_{B1} 的 B_{b11} 和 R_{b12} 中去寻找答案。进一步检查发现，R_{b12} 本应为 11 kΩ，但安装时却用的是 1.1 kΩ 的电阻，将 R_{b12} 换上正确阻值的电阻，故障即消失。

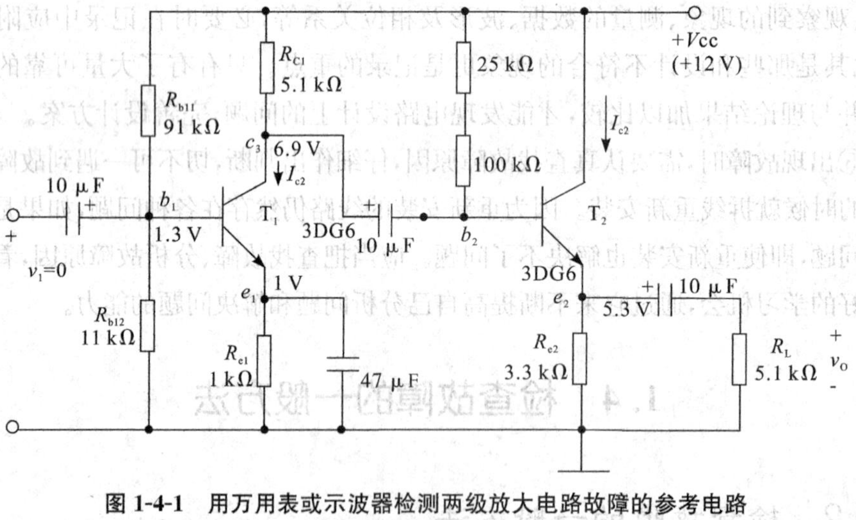

图 1-4-1　用万用表或示波器检测两级放大电路故障的参考电路

顺便指出，静态工作点也可以用示波器“DC”输入方式测定。用示波器的优点是，内阻高，能同时看到直流工作状态和被测点上的信号波形，以及可能存在的干扰信号及噪声电压等，更有利于分析故障。

3. 信号寻迹法

对于各种较复杂的电路，可在输入端接入一个一定幅值、适当频率的信号（例如，对于多级放大器，可在其输入端接入 $f=1000$ Hz 的正弦信号），用示波器由前级到后级（或者相反），逐级观察波形及幅值的变化情况，如哪一级异常，则故障就在该级。这是深入检查电路的方法。

4. 对比法

怀疑某一电路存在问题时，可将此电路的参数与工作状态和相同的正常电路参数（或理论分析的电流、电压、波形等）进行一一对比，从中找出电路中的不正常情况，进而分析故障原因，判断故障点。

5. 部件替换法

有时故障比较隐蔽，不能一眼看出，如这时你手头有与故障仪器同型号的仪器时，可以将仪器中的部件、元器件、插件板等替换有故障仪器中的相应部件，以便于缩小故障范围，进一步查找故障。

6. 旁路法

当有寄生振荡现象，可以利用适当数量的电容器，选择适当的检查点，将电容临时跨接在检查点与参考接地点之间，如果振荡消失，就表明振荡是产生在此附近或前级电路中。否则就在后面，再移动检查点寻找。

应该指出的是，旁路电容要适当，不宜过大，只要能较好地消除有害信号即可。

7. 短路法

就是采取临时性短接一部分电路来寻找故障的方法。例如图 1-4-2 所示放大电路，用万用表测量 T_2 的集电极对地无电压。怀疑 L_1 断路，则可以将 L_1 两端短路，如果此时有正常的 V_{C2} 值，则说明故障发生在 L_1 上。

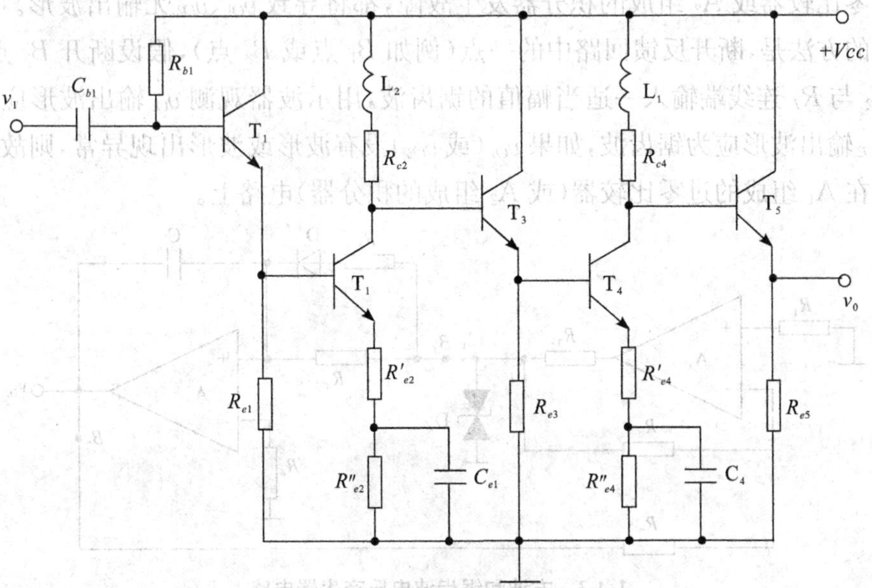

图 1-4-2 用于分析短路法的放大电路

短路法对检查断路性故障最有效。但要注意对电源(电路)是不能采用短路法的。

8. 断路法

断路法用于检查短路故障最有效。断路法也是一种使故障怀疑点逐步缩小范围的方法。例如,若某稳压电源因接入一个带有故障的电路,使输出电流过大,那么就可采取依次断开电路的某一支路的办法来检查故障。如果断开该支路后,电流恢复正常,则故障就发生在此支路。

实际调试时,寻找故障原因的方法多种多样,以上仅列举了几种常用的方法。这些方法的使用可根据设备条件,故障情况灵活掌握,对于简单的故障用一种方法即可查找出故障点,但对于较复杂的故障则需采取多种方法互相补充、互相配合,才能找出故障点。在一般情况下,寻找故障的常规做法是:

(1)先用直接观察法,排除明显的故障。

(2)再用万用表(或示波器)检查静态工作点。

(3)信号寻迹法是对各种电路普遍适用而且简单直观的方法,在动态调试中广为应用。

应当指出,对于反馈环内的故障诊断是比较困难的,在这个闭环回路中,只要有一个元器件(或功能块)出故障,则往往整个回路中处处都存在故障现象。寻找故障的方法是先把反馈回路断开,使系统成为一个开环系统,然后再接入一适当的输入信号,利用信号寻迹法逐一寻找发生故障的元器件(或功能块)。例如,图1-4-3是一个带有反馈的方波和锯齿波电压产生器电路,A_1 的输出信号 v_{O1} 作为 A_2 的输入信号,A_2 的输出信号 v_{O2} 作为 A_1 的输入信号,也就是说,不论 A_1 组成的过零比较器或 A_2 组成的积分器发生故障,都将导致 v_{O1}、v_{O2} 无输出波形。寻找故障的方法是,断开反馈回路中的一点(例如 B_1 点或 B_2 点),假设断开 B_2 点,并从 B_2 与 R_7 连线端输入一适当幅值的锯齿波,用示波器观测 v_{O1} 输出波形应为方波,v_{O2} 输出波形应为锯齿波,如果 v_{O1}(或 v_{O2})没有波形或波形出现异常,则故障就发生在 A_1 组成的过零比较器(或 A_2 组成的积分器)电路上。

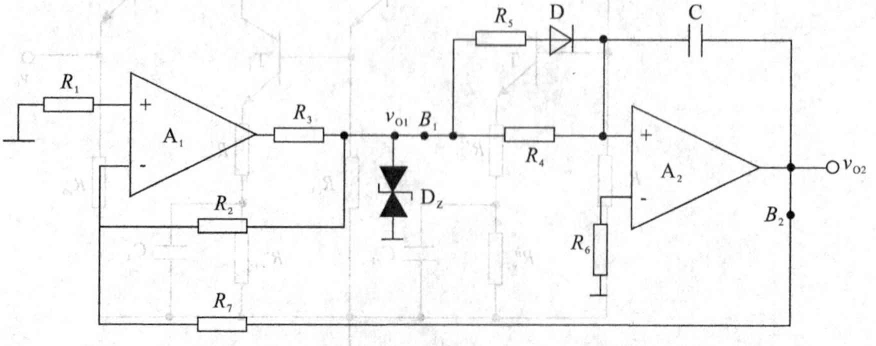

1-4-3 方波和锯齿波电压产生器电路

1.5 误差分析与测量结果的处理

实验的目的是观察某种现象，找出某种规律或验证某种理论。从这个角度来看，总希望实验的结果越接近真实情况越好。但是人们通过实验的方法来求取被测量的真值时，由于测量工具不准确、测量手段不完善、测量条件不稳定以及测量过程中的疏忽或错误等原因，都会使测量结果与被测量的实际数值存在差别。这种差别也就是测量结果与被测量真值之差，其被称为测量误差。

测量误差在任何测量中总是存在的。不同的测量对误差大小的要求往往不同，对误差理论的研究，就是要根据误差的规律，在一定测量条件下设法减小误差，并根据误差理论合理地设计和组织实验，正确地选用仪器、仪表和测量方法。

1.5.1 测量误差的基本知识

一、误差的表示方法

1. 绝对误差 Δx

测量示值 x 与被测量实际值 x_0 之差称为绝对误差（$\Delta x=x-x_0$）。绝对误差是一个具有大小、符号和单位的值，反映的是测量结果与真值的偏差程度，但不能反映测量的准确度。如 1 V 的误差值，对于一节电压为 1.5 V 的干电池来说是绝对不允许的，但是对于 220 V 的市电是较为准确的，对于 220 kV 的高压电来说则是非常准确了。在实际测量中，常定义与绝对误差等值反号的量为修正值 c，即 $c=x_0-x$。

知道了测量值 x 和修正值 c，由上式就可以求出被测的实际值 x_0。因此绝对误差虽不能清楚地表示测量的优劣，但在误差数据修正或一些误差的计算中使用则很方便，而测量结果的优劣通常使用相对误差来表示。

2. 相对误差 δ

相对误差 δ 是指测量的绝对误差 Δ 与被测量实际值之比（用百分数表示），即

$$\delta=\frac{\Delta}{x_0}\times 100\%$$

当上式中分母采用的量值为真值 A_0、实际值为 x_0 和测量示值 x 时，相对误差分别为真值相对误差、实际值相对误差和测量示值相对误差。

相对误差是一个比值，其数值与被测量所取的单位无关，能反映误差的大小与方向，能确切地反映出测量的准确程度。因此在测量过程中，需要衡量测量结果的误差或评价测量结果准确程度时，一般都用相对误差表示。

相对误差虽然可以较为准确地反映测量的准确程度，但用来表示仪器的准确

度时却不方便。因为同一仪表的绝对误差在刻度范围内变化不大，这样就使得在仪表标度尺的各个不同部位的相对误差不是一个常数而引用相对误差则可解决这一问题。

3. 引用相对误差 γ_n

引用相对误差又称为满度误差，是测量的绝对误差 Δx 与测量仪表的满度值 x_n 的比值，常用百分数表示，即 $\gamma_n=\frac{\Delta x}{x_n}\times 100\%$。

γ_n 不能超过测量仪表的准确度等级 S 的百分值 $S\%$（我国电工仪表的精确度等级分为七级：0.1、0.2、0.3、0.5、1.0、1.5、2.5、5.0），即

$$\gamma_n=\frac{\Delta x}{x_n}\times 100\%\leqslant S\%$$

如果仪表的等级为 S，它的满度值为 x_n，则测量的绝对误差要满足

$$\Delta x\leqslant x_n S\%$$

相对误差为 $\gamma_n\leqslant\frac{x_n S\%}{x}$，上式中，总是满足 $x\leqslant x_n$。当仪表等级 S 选定后，x 越接近 x_n 时，γ_n 的上限值越小，测量的相对误差就越小。使用此类仪表时，一般应使被测量的值尽可能地在仪表满度值的 1/2 以上。

1.5.2 实验数据处理

凡测量得到的实验数据，都要先经过整理再进行处理。

1. 有效数字的概念

有效数字是由若干位可靠数和一位存疑数构成，这些数字的总位数称为有效数。读取有效数字时，从左边第一个非零位开始直到最后一位包含的数字。如 0.3 和 0.03 都是 1 位有效数字，而 0.33 和 33.33 分别是 2 位和 4 位有效数字。

有效数字位数的多少，直接反映测量的准确度，即有效数字的位数越多，测量的准确度就越高，而且决定有效数字位数的唯一因素是误差大小，与小数点位置和单位无关。

2. 有效数字的运算规则

(1)舍入原则：对于需要保留 n 位有效数字而实际上超过 n 位的测量数据，需要对有效数字右边的数字进行处理（称为数的修约），具体原则如下：

以“四舍五入”为原则弃去多余的数字，或者用“四舍六入五留双”的原则。前者是当尾数≤4 时，弃去；当尾数≥5 时，进位。后者当尾数≤4 时，弃去；当尾数≥6 时，进位；尾数=5 时，则使末位凑成偶数，即末位为奇数时进一，末位为偶数时弃去。后者的优势在于可以使舍入的概率均等，在多次计数中，由舍入引起的误差趋于零。另外，偶数作为被除数易除尽，减小计算的误差。

(2)几个测量数据进行加减乘除运算时，运算结果保留的小数位数要与参加运算的几个数中小数点后位数最少的一致。

(3)有效数的平方值的有效位数应比底数的有效位数多取一位；有效数的平方根的有效位数也应比被开方数的有效位数多取一位。

3. 测量数据的表示

通常用测量值和相应的误差共同表示测量数据。如(6.12±0.15)V 式中，6.12 为测量结果，往往代表平均值；0.15 为使用某精度等级表选定量程下可能出现的最大绝对误差。

若量程为 150 mA 的 0.5 级表测得某两个电流分别为 0.5 mA 和 110.5 mA，则使用该测量挡可能出现的最大绝对误差为(±0.5%×150)mA=±0.75 mA。工程测量中，误差的有效位一般只取 1 位，并采用进位法(只要后面该舍弃的数字是 1～9 都应进 1 位)，因此两个电流数据分别记录为(0.5±0.8)mA 和(110.5±0.8)mA

注意：

(1)测量值的有效数字取决于结果的误差，即测量值的有效数字的末位与测量误差末位数是同一个数位。所以被测量值最低位通常与误差最低位对齐，多余位舍去。

(2)严格来说，当一个数据是多个数据运算的结果时，总结果误差应按误差综合公式进行。但简单情况下，可按各数据中误差位最高者来决定结果的误差位数情况。

4. 测量结果的列表表示法和图形表示法

实验测量结果的表示方法通常有列表法和图解法，它的选择应以能简明表征测量结果为原则。

(1)列表法是指将一组实验数据中自变量、因变量的各个数值以一定的形式和顺序一一对应列出来。一个完整的表格应包括表的序号、名称、项目、说明及数据来源。列表时应注意表的名称要简明扼要，尽量使用通用的符号，主项习惯上代表自变量，副项代表因变量。有效数字应选取适当并保持一致，数值过大或过小时应以 10 的乘幂形式表示。

(2)图解法常用来表示各变量之间的关系和趋势，它可以将一些复杂的数学关系以简洁、直观的形式表现出来，给人以明确的总体概念，是实验结果分析中一个必不可少的有效手段。

第 2 章　电路实验

2.1　电路元件特性曲线的伏安测量法

2.1.1　实验目的

(1)掌握线性电阻元件和非线性电阻元件的伏安特性及其测定方法。

(2)掌握实验装置上直流电工仪表和设备的使用方法。

2.1.2　实验预习要求

(1)线性电阻与非线性电阻的概念是什么？电阻器与二极管的伏安特性有何区别？

(2)稳压二极管与普通二极管有何区别，其用途如何？

(3)设某器件伏安特性曲线的函数式为 $I=f(U)$，试问在逐点绘制曲线时，其坐标变量应如何放置？

2.1.3　原理说明

任何一个二端元件的特性可用该元件上的端电压 U 与通过该元件的电流 I 之间的函数关系 $I=f(U)$ 来表示，即用 $I-U$ 平面上的一条曲线来表征，这条曲线为该元件的伏安特性曲线。

(1)线性电阻元件的伏安特性符合欧姆定律，它的伏安特性曲线是一条通过坐标原点的直线，如图 2-1-1 中 a 曲线所示。该直线的斜率就是线性电阻元件的电阻值。该特性曲线各点斜率与元件电压、电流的大小和方向无关，故线性电阻元件是双向性元件。

(2)非线性电阻元件的电压、电流不能用欧姆定律来描述。例如一般的白炽灯在工作时灯丝处于高温状态，其灯丝电阻随着温度的升高而增大，通过白炽灯的电流越大，其温度越高，阻值也越大，一般灯泡的“冷电阻”与“热电阻”的阻值可相差几倍至十几倍，所以它的伏安特性如图 2-1-1 中 b 曲线所示。

半导体二极管也是非线性电阻元件，其伏安特性如图 2-1-1 中 c 曲线。正向压降很小(锗管一般为 0.2～0.3 V，硅管一般为 0.5～0.7 V)，正向电流随正向压降的升高而急骤上升，而反向电压从零一直增加到几十伏时，其反向电流增加很小，粗略地可视为零。可见，二极管具有单向导电性，但反向电压加得过高，超过管子的极限值，则会导致管子击穿损坏。

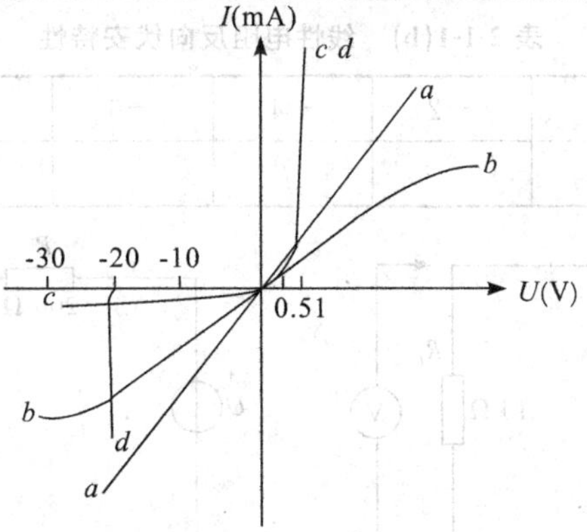

图 2-1-1　元件伏安特性曲线

稳压二极管是一种特殊的半导体二极管，其伏安特性如图 2-1-1 中 d 曲线。稳压二极管正向特性与普通二极管相似，但其反向特性较特别，在反向电压开始增加时，其反向电流几乎为零，但当反向电压增加到某一数值时（称为管子的稳压值，有各种不同稳压值的稳压管）电流将突然增加，以后它的端电压将维持恒定，不再随外加的反向电压升高而增大。

2.1.4　实验设备

序号	名　称	型号与规格	数量	备注
1	可调直流稳压电源	0～30 V	1	
2	直流数字毫安表	0～200 mA	1	
3	直流数字电压表	0～30 V	1	
4	二极管	2AP9	1	
5	稳压管	2CW51	1	
6	线性电阻器	200 Ω,1 kΩ	各 1	

2.1.5　实验内容

1. 测定线性电阻器的伏安特性

按图 2-1-2 所示接线，调节直流稳压电源的输出电压 U，从 0 伏开始缓慢地增加，一直到 10 V，记下相应的电压表和电流表的读数。

表 2-1-1(a) 线性电阻正向伏安特性

U_R(V)	0	2	4	6	8	10
I(mA)						

表 2-1-1(b) 线性电阻反向伏安特性

U_R(V)	0	−2	−4	−6	−8	−10
I(mA)						

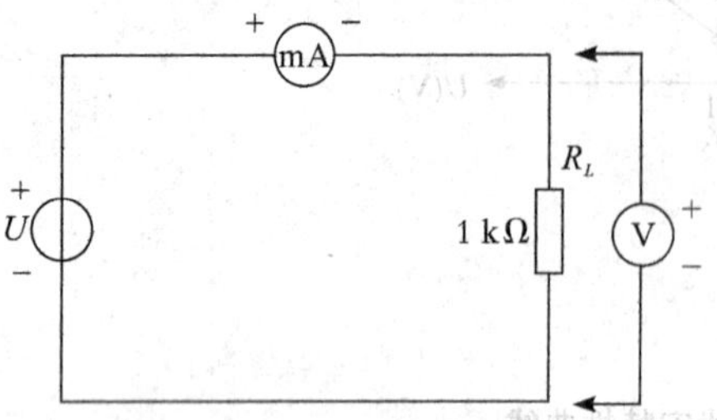

图 2-1-2 测线性电阻伏安特性电路图

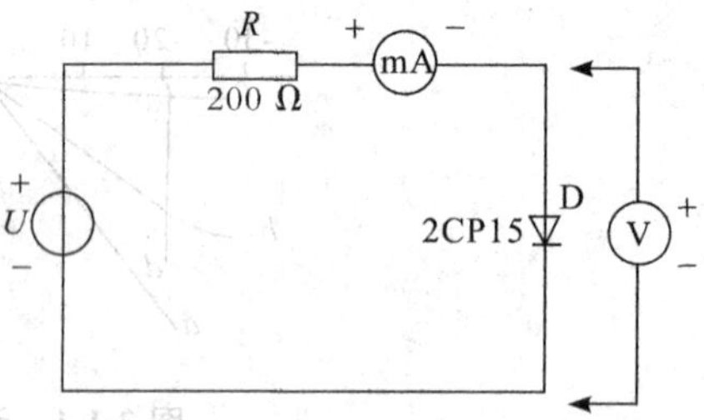

图 2-1-3 测二极管伏安特性电路图

2. 测定半导体二极管的伏安特性

按图 2-1-3 接线，R 为限流电阻，测二极管 D 的正向特性时，其正向电流不得超过 25 mA，正向压降可在 0～0.75 V 之间取值。特别是在 0.5～0.75 之间更应多取几个测量点。作反向特性实验时，只需将图 2-1-3 中的二极管 D 反接，且其反向电压可加到 30 V 左右。

表 2-1-2(a) 二极管正向伏安特性

U_{D+}(V)	0	0.1	0.3	0.50	0.55	0.60	0.65	0.70	0.75
I(mA)									

表 2-1-2(b) 二极管反向伏安特性

U_{D-}(V)	0	−5	−10	−15	−20	−25	−30		
I(mA)									

3. 测定稳压二极管的伏安特性

只要将图 2-1-3 中的二极管换成稳压二极管 2CW51，重复实验内容 2 的测量。测量反向特性时，需要将图中 200 Ω 的电阻器换成 1 kΩ 电阻器，将稳压二极管 2CW51 反接，此时，稳压源的输出电压调节范围是 0～20 V，测量稳压二极管两端的电压 U_{z-} 及电流 I。

表 2-1-3(a) 稳压管正向伏安特性

U_{z+}(V)	0	0.1	0.3	0.50	0.55	0.60	0.65	0.70	0.75
I(mA)									

表 2-1-3(b) 稳压管反向伏安特性

U_s(V)	0	−2	−4	−6	−8	−10
U_{z-}(V)						
I(mA)						
U_s(V)	−12	−14	−16	−18	−20	
U_{z-}(V)						
I(mA)						

2.1.6 实验注意事项

(1)测二极管正向特性时，稳压电源输出应由小至大逐渐增加，应时刻注意电流表读数不得超过 35 mA，稳压源输出端切勿碰线短路。做反向特性实验时，其反向电压不能超过反向击穿电压。

(2)进行不同元件测量时，应先估算电压和电流值，合理选择仪表的量程，勿使仪表超量程，仪表的极性亦不可接错。

2.1.7 实验报告

(1)根据各实验结果数据，分别在方格纸上绘制出光滑的伏安特性曲线。(其中二极管和稳压管的正、反向特性均要求画在同一张图中，正、反向电压可取为不同的比例尺)

(2)根据实验结果，总结、归纳被测各元件的特性。

(3)必要的误差分析。

2.2 基尔霍夫定律及叠加原理的验证

2.2.1 实验目的

(1)验证线性电路基尔霍夫定律、叠加原理的正确性，从而加深对线性电路的基尔霍夫定律、叠加性和齐次性的认识和理解。

(2)研究各点电位与参考点的关系。

(3)加深对参考方向的理解。

2.2.2 实验预习要求

(1)简述基尔霍夫定律、叠加定理的适用条件是什么？

(2)电位与电压的区别是什么？

2.2.3 实验原理

(1)基尔霍夫电流定律(KCL):在任一时刻,流出(流入)集中参数电路中任一节点电流的代数和等于零。即 $\sum I = 0$。一般定义流入节点的电流取正号,流出节点的电流取负号。

基尔霍夫电压定律(KVL):集中参数电路中任一回路上全部组件端对电压代数和等于零。即 $\sum U = 0$。一般定义参考方向与绕行方向一致的电压取正号,参考方向与绕行方向相反的电压取负号。

(2)电位与电压:在直流电路中,任一点的电位是以参考点的电位为零来确定的,参考点选择不同,各节点的电位也相应改变,但任意两点的电压(电位差)不变,即任意两点的电压与参考点的选择无关。

(3)叠加原理指出:在有几个独立源共同作用下的线性电路中,通过每一个元件的电流或其两端的电压,可以看成是由每一个独立源单独作用时在该元件上所产生的电流或电压的代数和。

(4)线性电路的齐次性是指当激励信号(某独立源的值)增加或减小 K 倍时,电路的响应(即在电路其他各电阻元件上所建立的电流和电压值)也将增加或减小 K 倍。

2.2.4 实验设备

序号	名 称	型号与规格	数 量	备 注
1	直流稳压电源	+6,12 V 切换	1	
2	可调直流稳压电源	0～20 V	1	
3	直流数字电压表		1	
4	直流数字毫安表		1	
5	电路原理实验箱		1	

2.2.5 实验内容

实验电路如图 2-2-1 所示。

(1)按图 2-2-1 电路接线,E_1 为+6 V、+12 V 切换电源,取 $E_1=+12$ V,E_2 为可调直流稳压电源,调至+6 V。

(2)令 E_1 电源单独作用时(将开关 S_1 投向 E_1 侧,开关 S_2 投向短路侧),用直流数字电压表和毫安表(接电流插头)测量各支路电流及各电阻元件两端电压,数据记入表 2-2-1 中。

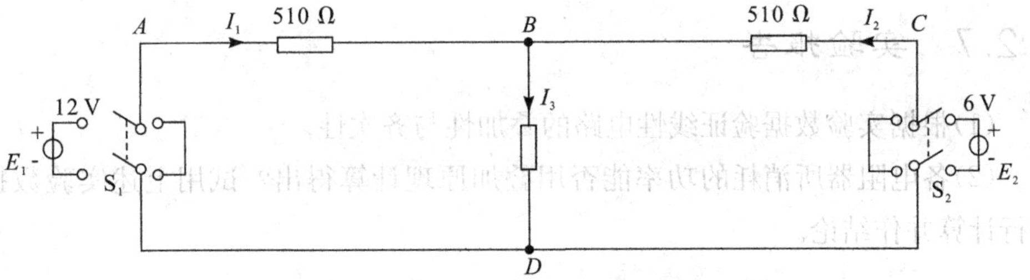

图 2-2-1 基尔霍夫定律、叠加原理电路图

表 2-2-1 基尔霍夫定律、叠加原理实验数据

测量项目 / 实验内容	E_1 (V)	E_2 (V)	I_1 (mA)	I_2 (mA)	I_3 (mA)	U_{AB} (V)	U_{BC} (V)	U_{CD} (V)	U_{DA} (V)	U_{BD} (V)
E_1 单独作用										
E_2 单独作用										
E_1、E_2 共同作用										
$2E_2$ 单独作用										

(3)令 E_2 电源单独作用时(将开关 S_1 投向短路侧,开关 S_2 投向 E_2 侧),重复实验步骤 2 的测量和记录。

(4)令 E_1 和 E_2 共同作用时(开关 S_1 和 S_2 分别投向 E_1 和 E_2 侧),重复上述的测量和记录。

(5)将 E_2 的数值调至+12 V,重复上述第 3 项的测量并记录。

(6)电位与电压的测量与验证,分别以节点 B 和 D 为参考点,测量 $ABCD$ 各节点电位,计算电压值。

表 2-2-2 不同参考点的电位与电压

参考节点	测量值/V				计算值/V					
	V_A	V_B	V_C	V_D	U_{AB}	U_{BC}	U_{CD}	U_{DA}	U_{AC}	U_{BD}
B										
D										

2.2.6 实验注意事项

(1)测量各支路电流时,应注意仪表的极性,及数据表格中"+、-"号的记录。注意仪表量程的及时更换。

(2)叠加原理中 E_1、E_2 分别单独作用,在实验中应如何操作?可否直接将不作用的电源(E_1 或 E_2)置零(短接)?

(3)实验电路中,若有一个电阻器改为二极管,试问叠加原理的迭加性与齐次性还成立吗?为什么?

2.2.7 实验报告

(1)根据实验数据验证线性电路的叠加性与齐次性。

(2)各电阻器所消耗的功率能否用叠加原理计算得出？试用上述实验数据，进行计算并作结论。

2.3 戴维南定理和诺顿定理的验证

2.3.1 实验目的

(1)验证戴维南定理和诺顿定理的正确性。

(2)掌握测量有源二端网络等效参数的一般方法。

2.3.3 实验预习要求

(1)戴维南定理和诺顿定理的适用条件是什么？

(2)在求戴维南等效电路时，作短路实验，测 I_{SC} 的条件是什么？在本实验中可否直接作负载短路实验？请实验前对图 2-3-4(a)所示线路预先作好计算，以便调整实验线路及测量时可准确地选取电表的量程。

(3)说明测有源二端网络开路电压及等效内阻的几种方法，并比较其优缺点。

2.3.3 实验原理

1. 任何一个线性含源网络

如果仅研究其中一条支路的电压和电流，则可将电路的其余部分看作是一个有源二端网络(或称为含源一端口网络)。

戴维南定理：任何一个线性有源网络，总可以用一个等效电压源来代替，此电压源的电动势 E_s 等于这个有源二端网络的开路电压 U_{OC}，其等效内阻 R_O 等于该网络中所有独立源均置零(理想电压源视为短接，理想电流源视为开路)时的等效电阻。

诺顿定理是戴维南定理的对偶形式，它指出任一线性有源网络，可以用一个理想电流源与一个电导的并联组合来等效代替，此电流源的电流 I_S 等于这个有源网络的短路电流 I_{SC}，其电导 g_O 等于该网络所有独立源均置零(理想电压源视为短路，理想电流源视为开路)时的输入电导。

U_{OC}、R_O、I_{SC}、g_O 称为有源二端网络的等效参数。

2. 有源二端网络等效参数的测量方法

(1)开路电压、短路电流法。

在有源二端网络输出端开路时，用电压表直接测其输出端的开路电压 U_{OC}，然后再将其输出端短路，用电流表测其短路电流 I_{SC}，则内阻为

$$R_o=\frac{U_{OC}}{I_{SC}}$$

(2) 伏安法。

一种方法是用电压表、电流表测出有源二端网络的外特性，如图 2-3-1 所示。根据外特性曲线求出斜率 $\tan\varphi$，则内阻

$$R_o=\tan\varphi=\frac{\Delta U}{\Delta I}$$

另一种方法是伏安法，主要是测量开路电压及电流为额定值 I_N 时的输出端电压值 U_N，则内阻为

$$R_o=\frac{U_{OC}-U_N}{I_N}$$

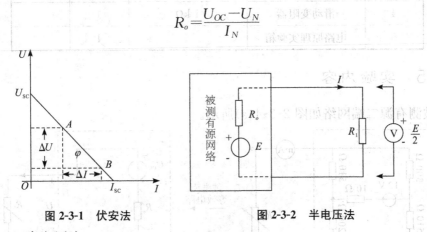

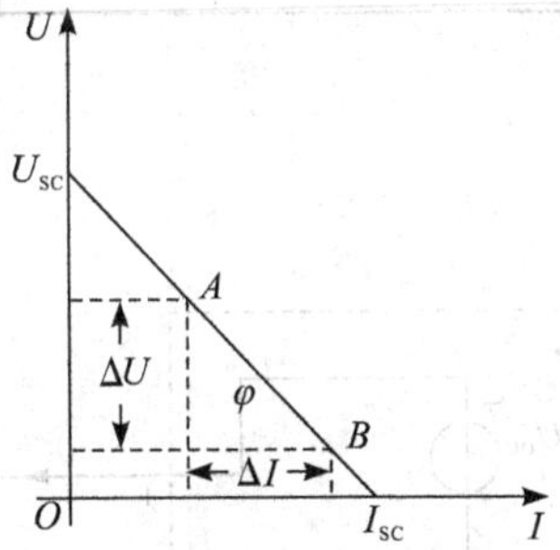

图 2-3-1 伏安法

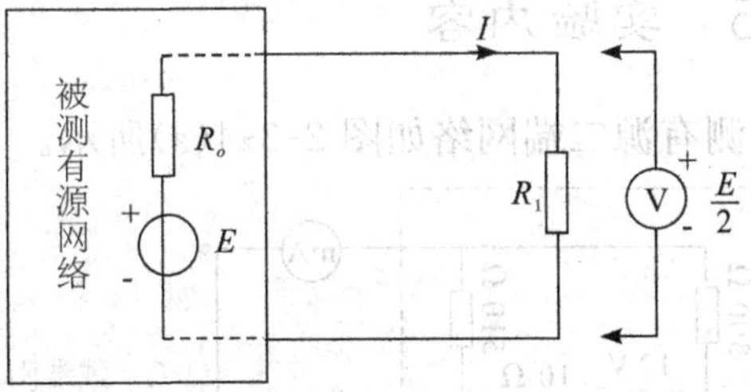

图 2-3-2 半电压法

(3) 半电压法。

如图 2-3-2 所示，当负载电压为被测网络开路电压一半时，负载电阻(由电阻箱的读数确定)即为被测有源二端网络的等效内阻值。

(4)零示法。

在测量具有高内阻有源二端网络的开路电压时，用电压表进行直接测量会造成较大的误差，为了消除电压表内阻的影响，往往采用零示测量法，如图 2-3-3 所示。零示法测量原理是用一个低内阻的稳压电源与被测有源二端网络进行比较，当稳压电源的输出电压与有源二端网络的开路电压相等时，电压表的读数将为“0”。然后，将电路断开，测量此时稳压电源的输出电压，即为被测有源二端网络的开路电压 U_{OC}。

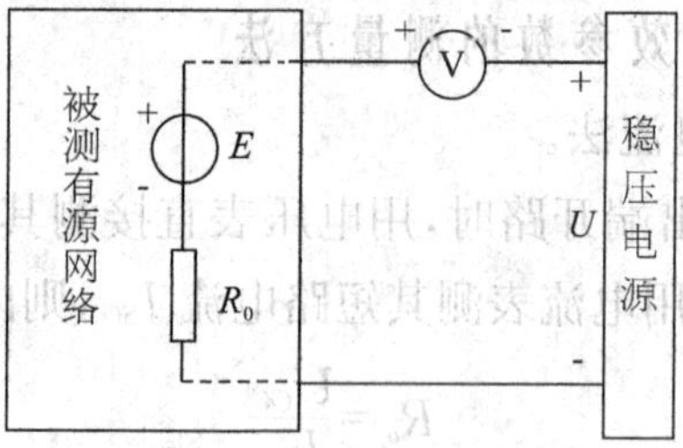

图 2-3-3 零示法

2.3.4 实验设备

序号	名称	型号与规格	数量	备注
1	直流稳压电源	0～30 V	1	
2	直流数字电压表		1	
3	直流数字毫安表		1	
4	滑动变阻器	1 kΩ	1	
5	电路原理实验箱		1	

2.3.5 实验内容

被测有源二端网络如图 2-3-4(a)所示。

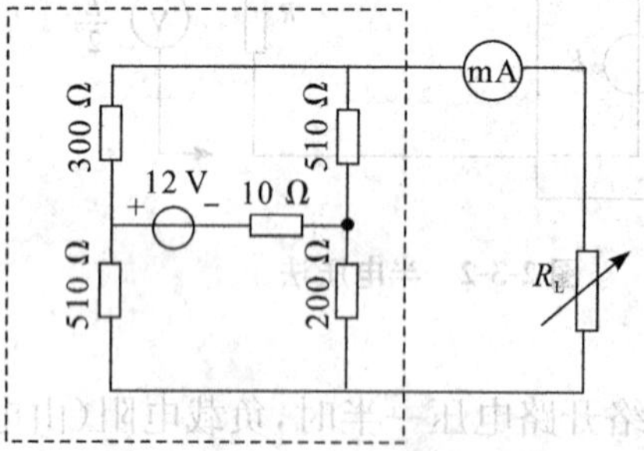

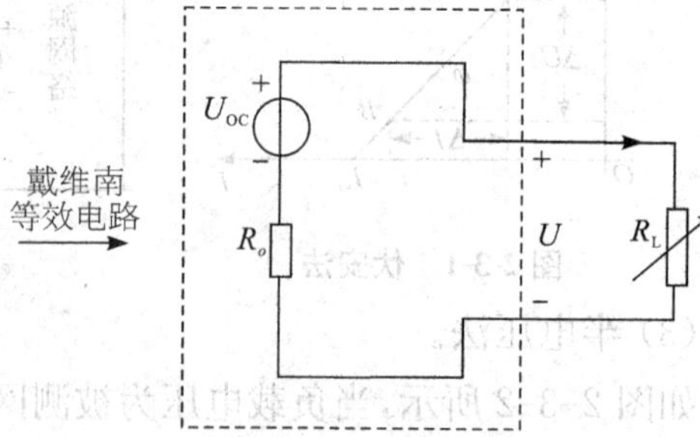

图 2-3-4(a) 有源二端网络 图 2-3-4(b) 戴维南等效电路

(1)用开路电压、短路电流法测定戴维南等效电路的 U_{OC} 和 R_o。

按图 2-3-4(a)电路接入稳压电源 E_S 和恒流源 I_S 及可变电阻箱 R_L，测定 U_{OC} 和 R_o。

表 2-3-1 测量和计算 R_o 数据记录表

U_{OC} (v)	I_{SC} (mA)	$R_o = U_{OC}/I_{SC}$ (Ω)

(2)负载实验。

按图 2-3-4(a)改变 R_L 阻值，逐点测量对应电压、电流，将数据记录表 2-3-2中。

表 2-3-2 负载实验数据记录表

$R_L(\Omega)$	0								∞
U(V)									
I(mA)									

(3)验证戴维南定理。

用一只 1 kΩ 的电位器，将其阻值调整到步骤(1)所得的等效电阻 R_o 之值，然后令其与直流稳压电源(调到步骤(1)时所测得的开路电压 U_{OC} 之值)相串联，如图 2-3-4(b)所示，仿照步骤(2)测其外特性，对戴维南定理进行验证。将数据填入表 2-3-3 中。

表 2-3-3 等效电路实验数据记录表

$R_L(\Omega)$	0								∞
U(V)									
I(mA)									

(4)测定有源二端网络等效电阻(又称入端电阻)的其他方法：将被测有源网络内的所有独立源置零(将电流源 I_S 断开；去掉电压源，并在原电压端所接的两点用一根短路导线相连)，然后用伏安法或者直接用万用电表的欧姆挡测定负载 R_L 开路后输出端两点间的电阻，此即为被测网络的等效内阻 R_o 或称网络的入端电阻 R_i。

(5)用半电压法和零示法测量被测网络的等效内阻 R_o 及其开路电压 U_{OC}，线路及数据表格自拟。

2.3.6 实验注意事项

用万用电表直接测 R_o 时，网络内的独立源必须先置零，以免损坏万用电表。其次，欧姆挡必须经调零后再进行测量。

2.3.7 实验报告

(1)根据步骤(2)和(3)，分别绘出曲线，验证戴维南定理的正确性，并分析产生误差的原因。

(2)根据步骤(1)、(4)、(5)各种方法测得的 U_{OC}、R_o 与预习时电路计算的结果作比较，你能得出什么结论。

(3)归纳、总结实验结果。

2.4 双口网络测试

2.4.1 实验目的

(1)加深理解双口网络的基本理论。

(2)掌握直流双口网络传输参数的测量技术。

2.4.2 实验预习要求

(1)试述双口网络同时测量法与分别测量法的测量步骤,优缺点及其适用情况。

(2)本实验方法可否用于交流双口网络的测定?

2.4.3 原理说明

对于任何一个线性网络,所关心的往往只是输入端口和输出端口的电压与电流间的相互关系,通过实验测定方法求取一个极其简单的等值双口电路来替代原网络,此即为"黑盒理论"的基本内容。

(1)一个双口网络两端口的电压和电流四个变量之间的关系,可以用多种形式的参数方程来表示。本实验采用输出口的电压 U_2 和电流 I_2 作为自变量,以输入口的电压 U_1 和电流 I_1 作为应变量,所得的方程称为双口网络的传输方程,如图 2-4-1 所示的无源线性双口网络(又称为四端网络)的传输方程为

$$U_1 = AU_2 + BI_2$$

$$I_1 = CU_2 + DI_2$$

图 2-4-1 二端口网络

上式中的 A、B、C、D 为双口网络的传输参数,其值完全决定于网络的拓扑结构及各支路元件的参数值,这四个参数表征了该双口网络的基本特性,它们的含义是:

$$A = \frac{U_{10}}{U_{20}}(\text{令 } I_2 = 0,\text{即输出口开路时})$$

$$B = \frac{U_{1S}}{I_{2S}}(\text{令 } U_2 = 0,\text{即输出口短路时})$$

$$C=\frac{I_{10}}{U_{20}}(\text{令 } I_2=0\text{，即输出口开路时})$$

$$D=\frac{I_{1S}}{I_{2S}}(\text{令 } U_2=0\text{，即输出口短路时})$$

由上可知，只要在网络的输入口加上电压，在两个端口同时测量其电压和电流，即可求出 A、B、C、D 四个参数，此即为双端口同时测量法。

(2)若要测量一条远距离输电线构成的双口网络，采用同时测量法就很不方便，这时可采用分别测量法，即先在输入口加电压，而将输出口开路和短路，在输入口测量电压和电流，由传输方程可得：

$$R_{10}=\frac{U_{10}}{I_{10}}=\frac{A}{C}(\text{令 } I_2=0\text{，即输出口开路时})$$

$$R_{1S}=\frac{U_{1S}}{I_{1S}}=\frac{B}{D}(\text{令 } U_2=0\text{，即输出口短路时})$$

然后在输出口加电压测量，而将输入口开路和短路，此时可得

$$R_{20}=\frac{U_{20}}{I_{20}}=\frac{D}{C}(\text{令 } I_1=0\text{，即输入口开路时})$$

$$R_{2S}=\frac{U_{2S}}{I_{2S}}=\frac{B}{A}(\text{令 } U_1=0\text{，即输入口短路时})$$

R_{10}，R_{1S}，R_{20}，R_{2S}分别表示一个端口开路和短路时另一端口的等效输入电阻，这四个参数中有三个是独立的($\because \frac{R_{10}}{R_{20}}=\frac{R_{1S}}{R_{2S}}=\frac{A}{D}$)，即 $AD-BC=1$，

至此，可求出四个传输参数

$A=\sqrt{R_{10}/(R_{20}-R_{2S})}$，$B=R_{2S}A$，$C=A/R_{10}$，$D=R_{20}C$。

(3)双口网络级联后的等效双口网络的传输参数亦可采用前述的方法之一求得.从理论推得两双口网络级联后的传输参数与每一个参加级联的双口网络的传输参数之间有如下的关系：

$A=A_1A_2+B_1C_2$　　　　$B=A_1B_2+B_1D_2$

$C=C_1A_2+D_1C_2$　　　　$D=C_1B_2+D_1D_2$

2.4.4 实验设备

序号	名称	型号与规格	数量	备注
1	可调直流稳压电源	0～10 V	1	
2	直流数字电压表		1	
3	直流数字毫安表		1	
4	电路原理实验箱		1	

2.4.5 实验内容

双口网络实验线路如图 2-4-2 所示。

将直流稳压电源输出电压调至 10 V,作为双口网络的输入。

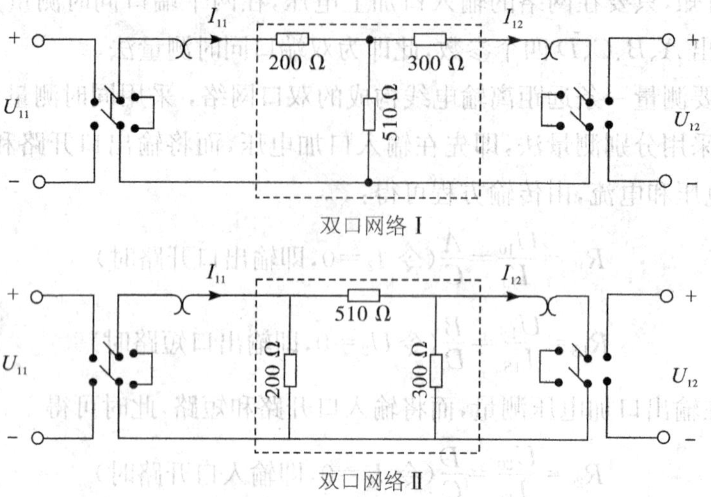

图 2-4-2 双口网络接线图

(1)按同时测量法分别测定两个双口网络的传输参数 A_1、B_1、C_1、D_1 和 A_2、B_2、C_2、D_2,并列出它们的传输方程。记入表 2-4-1 中。

表 2-4-1

		测量值			计算值	
双口网络Ⅰ	输出端开路 $I_{12}=0$	U_{11O}(V)	U_{12O}(V)	I_{11O}(mA)	A_1	B_1
	输出端短路 $U_{12}=0$	U_{11S}(V)	I_{11S}(mA)	I_{12S}(mA)	C_1	D_1
		测量值			计算值	
双口网络Ⅱ	输出端开路 $I_{22}=0$	U_{21O}(V)	U_{22O}(V)	I_{21O}(mA)	A_2	B_2
	输出端短路 $U_{22}=0$	U_{21S}(V)	I_{21S}(mA)	I_{22S}(mA)	C_2	D_2

(2)将两个双口网络级联后,用两端口分别测量法测量级联后等效双口网络的传输参数 A、B、C、D,并验证等效双口网络传输参数与级联的两个双口网络传输参数之间的关系。将数据记入表 2-4-2 中。

表 2-4-2

输出端开路 $I_2=0$			输出端短路 $U_2=0$			计　算 传输参数
U_{10}(V)	I_{10}(mA)	R_{10}(kΩ)	U_{1S}(V)	I_{1S}(mA)	R_{1S}(kΩ)	
输入端开路 $I_1=0$			输入端短路 $U_1=0$			$A=$ $B=$ $C=$ $D=$
U_{20}(V)	I_{20}(mA)	R_{20}(kΩ)	U_{2S}(V)	I_{2S}(mA)	R_{2S}(kΩ)	

2.4.6 实验注意事项

(1)用电流插头、插座测量电流时，要注意判别电流表的极性及选取适合的量程(根据所给的电路参数，估算电流表量程)。

(2)两个双口网络级联时，应将一个双口网络 I 的输出端与另一双口网络Ⅱ的输入端连接。

2.4.7 实验报告

(1)完成对数据表格的测量和计算任务。

(2)验证级联后等效双口网络的传输参数与级联的两个双口网络传输参数之间的关系。

(3)总结、归纳双口网络的测试技术。

(4)心得体会及其他。

2.5 典型信号的观察与测量

2.5.1 实验目的

(1)加深理解周期性信号的有效值和平均值的概念，学会计算方法。

(2)了解几种周期性信号(正弦波、矩形波、三角波)的有效值、平均值和幅值的关系。

(3)掌握信号发生器和示波器的使用方法。

2.5.2 实验预习要求

(1)示波器面板上“t/div” 和“ V/div”的含义是什么？

(2)掌握各种信号的峰值、峰一峰值、有效值和平均值之间的换算关系。

2.5.3 基本原理

(1)正弦交流信号和方波脉冲信号是常用的电激励信号,可分别由低频信号发生器和脉冲信号发生器提供。正弦信号的波形参数是幅值 U_m、周期 T(或频率 f)和初相;脉冲信号的波形参数是幅值 U_m、周期 T 及脉宽 t_k。本实验装置能提供频率范围为 0.02×10^{-3}～50 kHz 的正弦波及方波,并有 6 位 LED 数码管显示信号的频率。正弦波的幅度值在 0～5 V 之间连续可调,方波的幅度值为 1～3.8 V 可调。

(2)示波器是一种信号图形观测仪器，可测出电信号的波形参数。从荧光屏的 Y 轴刻度尺并结合其量程分挡选择开关(Y 轴输入电压灵敏度 V/div 分挡选择开关),读得电信号的幅值;从荧光屏的 X 轴刻度尺并结合其量程分挡(时间扫描速度 t/div)选择开关,读得电信号的周期、脉宽、相位差等参数。为了完成对各种不同波形、不同要求的观察和测量,它还有一些其他的调节和控制旋钮,希望在实验中加以摸索和掌握。

一台双踪示波器可以同时观察和测量两个信号的波形和参数。

2.5.4 实验设备

序号	名称	型号与规格	数量	备注
1	信号发生器		1	
2	交流毫伏表		1	
3	双踪示波器		1	

2.5.5 实验内容

1. 双踪示波器的校准

开启电源后,将示波器面板上的标准信号输出口用同轴电缆接至双踪示波器的 Y 轴输入插口 CH_1 或 CH_2 端,调节示波器面板上的“辉度”“聚焦”“位移”等旋钮,使在荧光屏的中心部分显示出线条细而清晰、亮度适中的方波波形;通过选择幅度和扫描速度,并将它们的微调旋钮旋至“校准”位置,从荧光屏上读出该“标准信号”的幅值与频率,并与标称值(1 V,1 kHz)作比较。如相差较大，需要通过“校准”旋钮进行微调。

2. 正弦波信号的观测

由函数信号发生器输出正弦波形,输出频率分别 50 Hz,1.5 kHz 和 20 kHz,再使输出幅值分别为有效值 0.1 V,1 V, 3 V(由交流毫伏表读得)。调节示波器

Y 轴和 X 轴的偏转灵敏度至合适的位置，从荧光屏上读得幅值及周期，记入表2-5-1和表2-5-2中。

表 2-5-1

测量项目 \ 输出频率	正弦波信号频率的测定		
	50 Hz	1.5 kHz	20 kHz
示波器“t/div”旋钮位置			
一个周期占有的格数			
信号周期(s)			
计算所得频率(Hz)			

表 2-5-2

测量项目 \ 交流毫伏表测得	正弦波信号幅值的测定		
	0.1 V	1 V	3 V
示波器“ V/div”位置			
峰—峰值波形格数			
峰—峰值			
计算所得有效值			

3. 方波脉冲信号的观察和测定

(1)调节方波的输出幅度为 3.0 VP－P(用示波器测定)，分别观测 50 Hz，1 kHz和 30 kHz 方波信号的波形参数。

(2)使信号频率保持在 30 kHz，选择不同的幅度及脉宽，观测波形参数的变化。

2.5.6　实验注意事项

(1)示波器的辉度不要过亮。

(2)调节仪器旋钮时，动作不要过快、过猛。

(3)调节示波器时，要注意触发开关和电平调节旋钮的配合使用，以使显示的波形稳定。

(4)为防止外界干扰，信号发生器的接地端与示波器的接地端要相连(称共地)。

2.5.7　实验报告

(1)处理各项实验数据，列表记录测量结果，绘出观察到的各种信号波形。

(2)总结实验中所用仪器的正确使用方法及观察到的各种信号波形。

2.6 RC选频网络特性测试

2.6.1 实验目的

(1)熟悉文氏电桥电路的结构特点及其应用。

(2)学会用交流毫伏表和示波器测定文氏电桥电路的幅频特性和相频特性。

2.6.2 实验预习要求

(1)根据电路参数,估算电路两组参数时的固有频率 f_0。

(2)推导 RC 串并联电路的幅频、相频特性的数学表达式。

2.6.3 原理说明

文氏电桥电路是一个 RC 串、并联电路,如图 2-6-1 所示,该电路结构简单,被广泛用于低频振荡电路中作为选频环节,可以获得很高纯度的正弦波电压。

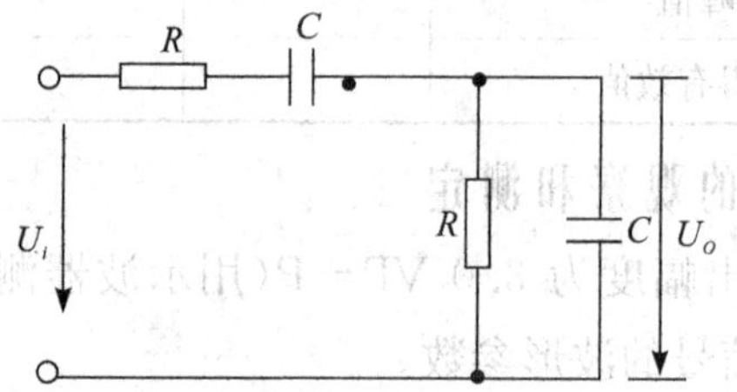

图 2-6-1

(1)用函数信号发生器的正弦输出信号作为图 2-6-1 的激励信号 U_i,并保持 U_i 值不变的情况下,改变输入信号的频率 f,用交流毫伏表或示波器测出输出端相应于各个频率点下的输出电压 U_o 值,将这些数据画在以频率 f 为横轴,U_o 为纵轴的坐标纸上,用一条光滑的曲线连接这些点,该曲线就是上述电路的幅频特性曲线。

文氏桥路的一个特点是其输出电压幅度不仅会随输入信号的频率而变,而且还会出现一个与输入电压同相位的最大值,如图 2-6-2 所示。

由电路分析得知,该网络的传递函数为

$$\beta=\frac{1}{3+\mathrm{j}(\omega RC-1/\omega RC)}$$

当角频率 $\omega=\omega_0=\dfrac{1}{RC}$,　　即 $f=f_0=\dfrac{1}{2\pi RC}$时,

$|\beta|=\dfrac{U_o}{Ui}=\dfrac{1}{3}$,且此时 U_o 与 U_i 同相位。f_0 称为电路的固有频率。

由图 2-6-2 可见 RC 串并联电路具有带通特性。

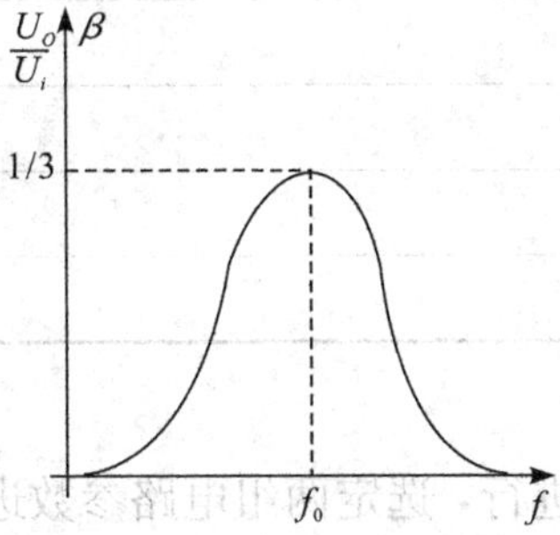

图 2-6-2

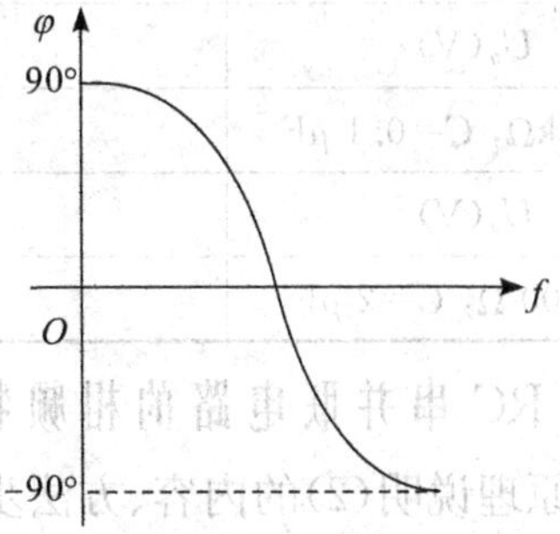

图 2-6-3 绘制元件

(2)将上述电路的输入和输出分别接到双踪示波器的 Y_A 和 Y_B 两个输入端，改变输入正弦信号的频率，观测相应的输入和输出波形间的时延 τ 及信号的周期 T，则两波形间的相位差为

$$\varphi=\frac{\tau}{T}\times 360^{\circ}=\varphi_0-\varphi_i\text{（输出相位与输入相位之差）}$$

将各个不同频率下的相位差 φ 测出，即可绘出被测电路的相频特性曲线，如图 2-6-3 所示。

2.6.4 实验设备

序 号	名 称	型号与规格	数 量	备 注
1	可调直流稳压电源	0～10 V	1	
2	直流数字电压表		1	
3	直流数字毫安表		1	
4	电路原理实验箱		1	

2.6.5 实验内容

1. 测量 RC 串并联电路的幅频特性

(1)在实验板上按图 2-6-1 电路选取一组参数(如 $R=1\ \text{k}\Omega$，$C=0.1\ \mu\text{F}$)。

(2)调节信号源输出电压为 3 V 的正弦信号，接入图 2-6-1 的输入端。

(3)改变信号源的频率 f(由频率计读得)，并保持 $U_i=3$ V 不变，测量输出电压 U_O，可先测量 $\beta=\frac{1}{3}$时的频率 f_0，然后再在 f_0 左右设置其他频率点测量 U_O。

(4)另选一组参数(如令 $R=200\ \Omega$，$C=2\ \mu\text{F}$)，重复测量一组数据。

f(Hz)	
U_o(V)	
R=1 kΩ, C=0.1 μF	
U_o(V)	
R=200 Ω, C=2 μF	

2. 测量 RC 串并联电路的相频特性

按实验原理说明(2)的内容、方法步骤进行，选定两组电路参数进行测量。

f(Hz)	
T(ms)	
τ(ms)	
φ	
R=1 kΩ, C=0.1 μF	
τ(ms)	
φ	
R=200 Ω, C=2 μF	

2.6.5 实验注意事项

由于信号源内阻的影响，注意在调节输出频率时，应同时调节输出幅度，使实验电路的输入电压保持不变。

2.6.6 实验报告

(1)根据实验数据，绘制幅频特性和相频特性曲线。找出最大值，并与理论计算值比较。

(2)讨论实验结果。

(3)心得体会及其他。

2.7 受控源的实验研究

2.7.1 实验目的

(1)了解用运算放大器组成四种类型受控源的线路原理。

(2)测试受控源转移特性及负载特性。

2.7.2 实验预习

(1)熟悉构成各种受控源电路的实际电路。

(2)试比较四种受控源的代号、电路模型,控制量与被控制量之间的关系。

2.7.3 原理说明

(1)运算放大器(简称运放)的电路符号及其等效电路如图 2-7-1 所示:

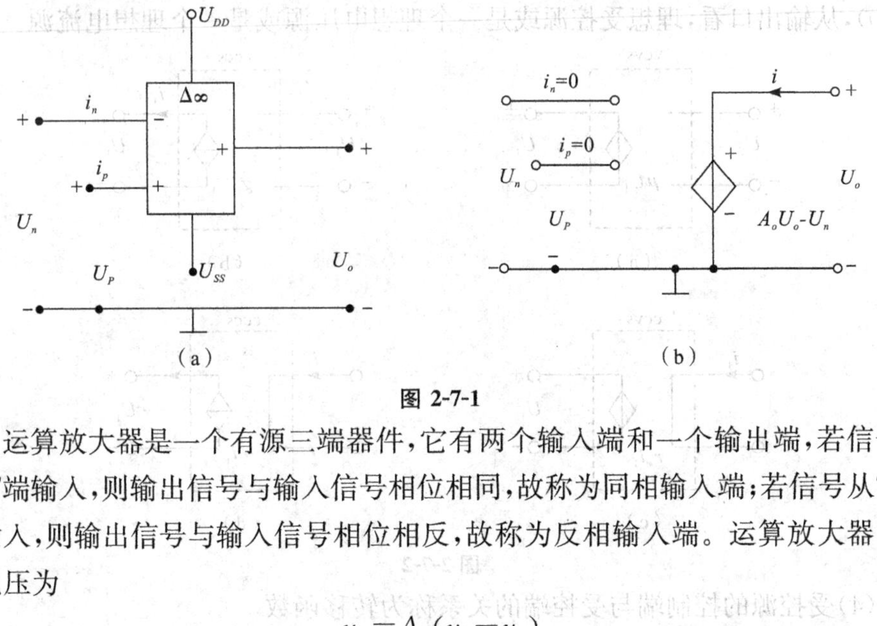

图 2-7-1

运算放大器是一个有源三端器件,它有两个输入端和一个输出端,若信号从"+"端输入,则输出信号与输入信号相位相同,故称为同相输入端;若信号从"－"端输入,则输出信号与输入信号相位相反,故称为反相输入端。运算放大器的输出电压为

$$u_O = A_0(u_p - u_n)$$

其中 A_0 是运放的开环电压放大倍数,在理想情况下,A_0 与运放的输入电阻 R_i 均为无穷大,因此有

$$u_p = u_n$$

$$i_p = \frac{u_p}{R_{ip}} = 0 \qquad i_n = \frac{u_n}{R_{in}} = 0$$

这说明理想运放具有下列三大特征:

①运放的"＋"端与"－"端电位相等,通常称为"虚短路"。

②运放输入端电流为零，即其输入电阻为无穷大。

③运放的输出电阻为零。

以上三个重要的性质是分析所有具有运放网络的重要依据。要使运放工作，还须接有正、负直流工作电源(称双电源)，有的运放可用单电源工作。

(2)理想运放的电路模型是一个受控源——电压控制电压源(即 VCVS)，如图 2-7-1(b)所示，在它的外部接入不同的电路元件，可构成四种基本受控源电路，用以实现对输入信号的各种模拟运算或模拟变换。

(3)所谓受控源，是指其电源的输出电压或电流是受电路另一支路的电压或电流所控制的。当受控源的电压(或电流)与控制支路的电压(或电流)成正比时，则该受控源为线性的。根据控制变量与输出变量的不同可分为四类受控源：即电压控制电压源(VCVS)、电压控制电流源(VCCS)、电流控制电压源(CCVS)、电流控制电流源(CCCS)。电路符号如图 2-7-2 所示。理想受控源的控制支路中只有一个独立变量(电压或电流)，另一个变量为零，即从输入口看理想受控源或是短路(即输入电阻 $R_i=0$，因而 $u_1=0$)或是开路(即输入电导 $G_i=0$，因而输入电流 $i_1=0$)，从输出口看，理想受控源或是一个理想电压源或是一个理想电流源。

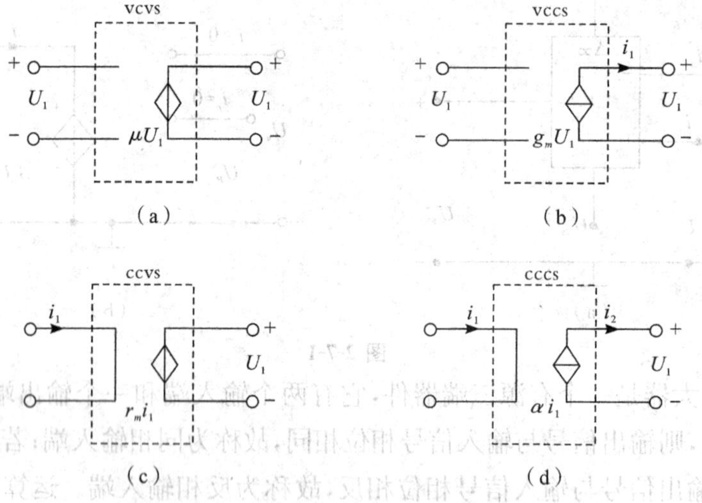

图 2-7-2

(4)受控源的控制端与受控端的关系称为转移函数。

四种受控源转移函数参量的定义如下。

①压控电压源(VCVS)

$U_2=f(U_1)$　　　$\mu=U_2/U_1$ 称为转移电压比(或电压增益)。

②压控电流源(VCCS)

$I_2=f(U_1)$　　　$g_m=I_2/U_1$ 称为转移电导。

③流控电压源(CCVS)

$U_2=f(I_1)$　　　$r_m=U_2/I_1$ 称为转移电阻。

④流控电流源(CCCS)

$I_2=f(I_1)$　　$\alpha=I_2/I_1$ 称为转移电流比(或电流增益)。

(5)用运放构成四种类型基本受控源的线路原理分析如下。

①压控电压源(VCVS),如图 2-7-3 所示。

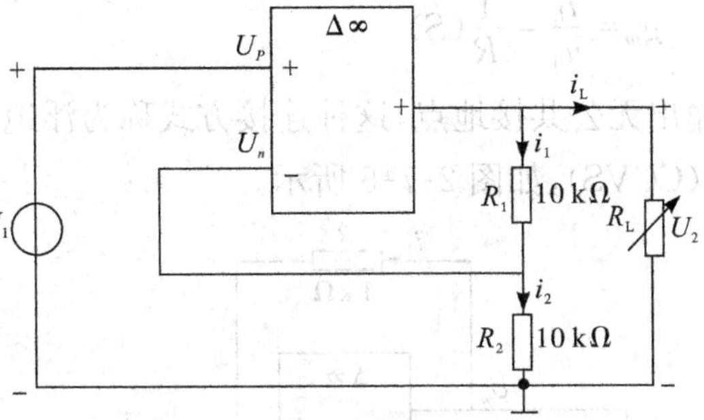

图 2-7-3　压控电压源(VCVS)

由于运放的虚短路特性,有

$$u_p=u_n=u_1 \qquad i_2=\frac{u_n}{R_2}=\frac{u_1}{R_2}$$

又因运放内阻为∞　　　有 $i_1=i_2$

因此　$u_2=i_1R_1+i_2R_2=i_2(R_1+R_2)=\frac{u_1}{R_2}(R_1+R_2)=\left(1+\frac{R_1}{R_2}\right)u_1$

即运放的输出电压 u_2 只受输入电压 u_1 的控制与负载 R_L 大小无关,电路模型如图 2-7-2(a)所示。

转移电压比,$\mu=\frac{u_2}{u_1}=1+\frac{R_1}{R_2}$。

μ 为无量纲,又称为电压放大系数。

这里的输入、输出有公共接地点,这种连接方式称为共地连接。

②压控电流源(VCCS)将图 2-7-3 的 R_1 看成一个负载电阻 R_L,如图 2-7-4 所示,即成为压控电流源 VCCS。

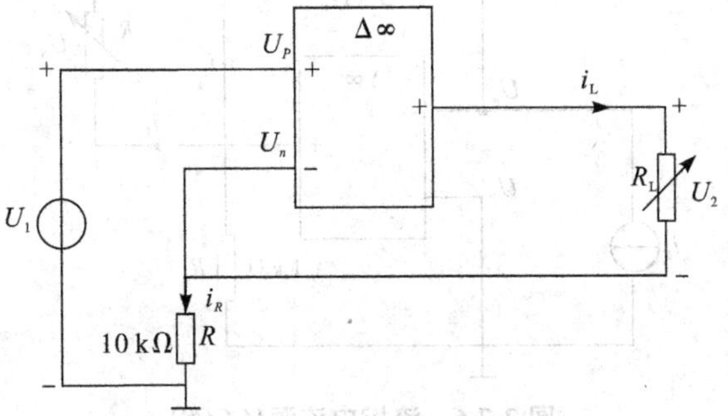

图 2-7-4　压控电流源 VCCS

此时,运放的输出电流

$$i_L = i_R = \frac{u_n}{R} = \frac{u_1}{R}$$

即运放的输出电流 i_L 只受输入电压 u_1 的控制，与负载 R_L 大小无关。电路模型如图 2-7-2(b)所示。

转移电导 $g_m = \frac{i_L}{u_1} = \frac{1}{R}(S)$

这里的输入、输出无公共接地点，这种连接方式称为浮地连接。

③流控电压源(CCVS)，如图 2-7-5 所示。

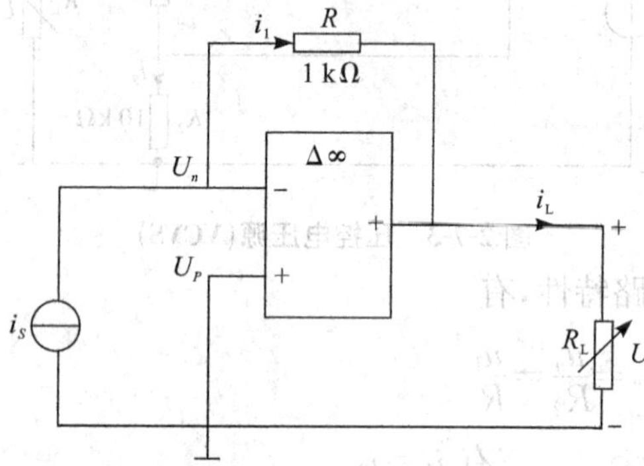

图 2-7-5 流控电压源(CCVS)

由于运放的“+”端接地，所以 $u_p = 0$，“−”端电压 u_n 也为零，此时运放的“−”端称为虚地点。显然，流过电阻 R 的电流 i_1 就等于网络的输入电流 i_S。

此时，运放的输出电压 $u_2 = -i_1R = -i_SR$，即输出电压 u_2 只受输入电流 i_S 的控制，与负载 R_L 大小无关，电路模型如图 2-7-2(c)所示。

转移电阻 $r_m = \frac{u_2}{i_S} = -R(\Omega)$

此电路为共地连接。

④流控电流源(CCCS)，如图 2-7-6 所示。

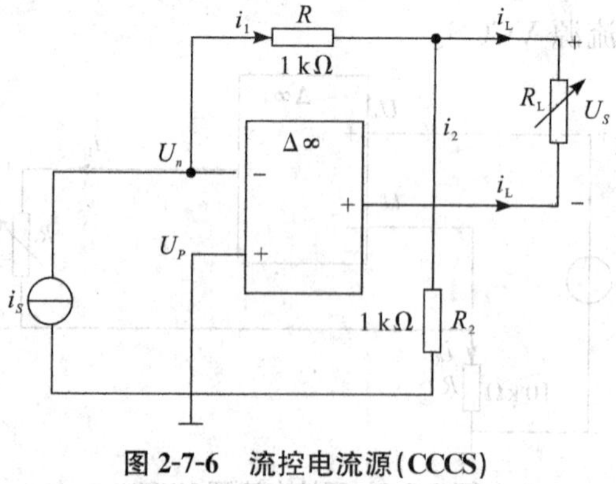

图 2-7-6 流控电流源(CCCS)

$u_a = -i_2R_2 = -i_1R_1$

$$i_L=i_1+i_2=i_1+\frac{R_1}{R_2}i_1=\left(1+\frac{R_1}{R_2}\right)i_1=\left(1+\frac{R_1}{R_2}\right)i_S$$

即输出电流 i_L 只受输入电流 i_S 的控制，与负载 R_L 大小无关。电路模型如图 2-7-2(d)所示。

转移电流比 $\alpha=\frac{i_L}{i_S}=\left(1+\frac{R_1}{R_2}\right)$

α 无量纲，又称为电流放大系数。此电路为浮地连接。

2.7.4 实验设备

序号	名　　称	型号与规格	数量	备注
1	可调直流稳压电源	0～10 V	1	
2	可调直流恒流源	0～200 mA	1	
3	直流数字电压表		1	
4	直流数字毫安表		1	
5	电路原理实验箱		1	

2.7.5 实验内容

本次实验中受控源全部采用直流电源激励，对于交流电源或其他电源激励，实验结果是一样的。

(1)测量受控源 VCVS 的转移特性 $U_2=f(U_1)$及负载特性 $U_2=f(I_L)$。

实验线路如图 2-7-7。U_1 为可调直流稳压电源，R_L 为可调电阻箱。

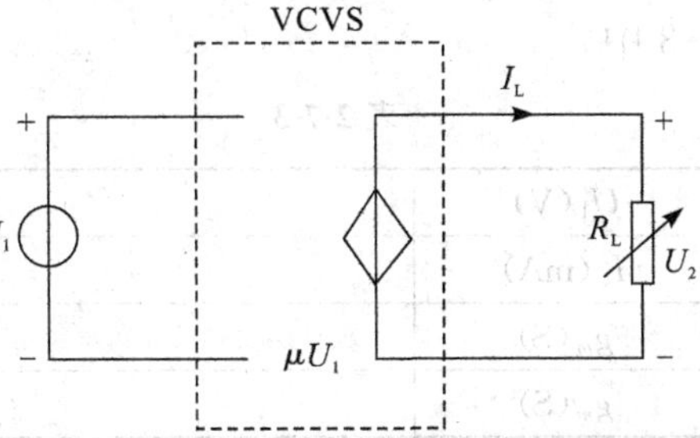

图 2-7-7

①固定 $R_L=2\ \text{k}\Omega$，调节直流稳压电源输出电压 U_1，使其在 0～6 V 范围内取值，测量 U_1 及相应的 U_2 值，绘制 $U_2=f(U_1)$曲线，并由其线性部分求出转移电压比 μ，将数据记入表 2-7-1 中。

表 2-7-1

测量值	U_1(V)	
	U_2(V)	
实验计算值	μ	
理论计算值	μ	

②保持 $U_1=2$ V,令 R_L 阻值从 1 kΩ 增至∞,测量 U_2 及 I_L,绘制 $U_2=f(I_L)$ 曲线,将数据记入表 2-7-2 中。

表 2-7-2

R_L(kΩ)	
U_2(V)	
I_L(mA)	

(2)测量受控源 VCCS 的转移特性 $I_L=f(U_1)$ 及负载特性 $I_L=f(U_2)$

实验线路如图 2-7-8 所示。

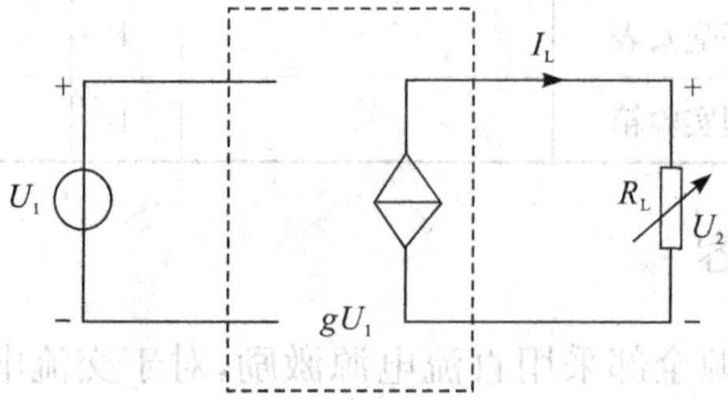

图 2-7-8

①固定 $R_L=2$ kΩ,调节直流稳压电源输出电压 U_1,使其在 0~5 V 范围内取值。测量 U_1 及相应的 I_L,绘制 $I_L=f(U_1)$ 曲线,并由其线性部分求出转移电导 g_m,将数据记入表 2-7-3 中。

表 2-7-3

测量值	U_1(V)	
	I_L(mA)	
实验计算值	g_m(S)	
理论计算值	g_m(S)	

②保持 $U_1=2$ V,令 R_L 从 0 增至 5 kΩ,测量相应的 I_L 及 U_2,绘制 $I_L=f(U_2)$ 曲线,将数据记入表 2-7-4 中。

表 2-7-4

R_L(kΩ)		
I_L(mA)		
U_2(V)		

(3)测量受控源 CCVS 的转移特性 $U_2=f(I_S)$ 及负载特性 $U_2=f(I_L)$。

实验线路如图 2-7-9。I_S 为可调直流恒流源，R_L 为可调电阻箱。

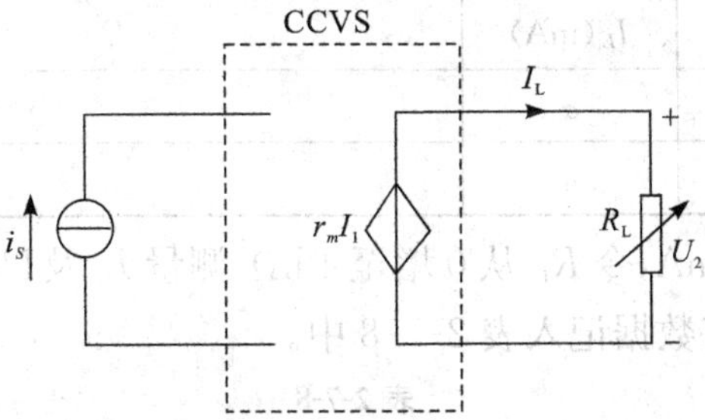

图 2-7-9

①固定 $R_L=2\ \text{k}\Omega$，调节直流恒流源输出电流 I_S，使其在 0～0.8 mA 范围内取值，测量 I_S 及相应的 U_2 值，绘制 $U_2=f(I_S)$ 曲线，并由其线性部分求出转移电阻 r_m，将数据记入表 2-7-5 中。

表 2-7-5

测量值	I_S(mA)	
	U_2(V)	
实验计算值	r_m(kΩ)	
理论计算值	r_m(kΩ)	

②保持 $I_S=0.3$ mA，令 R_L 从 1 kΩ 增至∞，测量 U_2 及 I_L 值，绘制负载特性曲线 $U_2=f(I_L)$，将数据记入表 2-7-6 中。

表 2-7-6

R_L(kΩ)	
U_2(V)	
I_L(mA)	

(4)测量受控源 CCCS 的转移特性 $I_L=f(I_S)$ 及负载特性 $I_L=f(U_2)$。

实验线路如图 2-7-10。

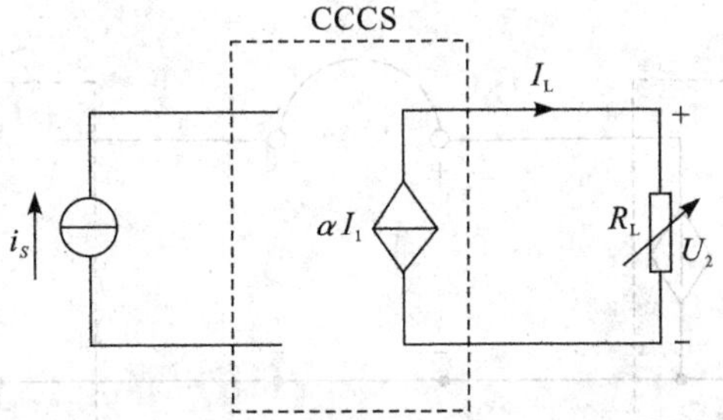

图 2-7-10

①固定 $R_L=2\ \text{k}\Omega$，调节直流恒流源输出电流 I_S，使其在 0～0.8 mA 范围内取值，测量 I_S 及相应的 I_L 值，绘制 $I_L=f(I_S)$ 曲线，并由其线性部分求出转移电流比 α，并将数据记入表 2-7-7 中。

表 2-7-7

测量值	I_S(mA)	
	I_L(mA)	
实验计算值	α	
理论计算值	α	

②保持 $I_S=0.3$ mA，令 R_L 从 0 增至 4 kΩ，测量 I_L 及 U_2 值，绘制负载特性曲线 $I_L=f(U_2)$ 曲线，将数据记入表 2-7-8 中。

表 2-7-8

R_L(kΩ)	
I_L(mA)	
U_2(V)	

2.7.6 实验注意事项

(1)在实验中，注意运放的输出端不能与地短接，输入电压不得超过 10 V。

(2)在用恒流源供电的实验中，不要使恒流源负载开路。

2.7.7 实验报告

(1)对有关的预习思考题作必要的回答。

(2)根据实验数据，在方格纸上分别绘出四种受控源的转移特性和负载特性曲线，并求出相应的转移参量。

(3)对实验的结果作出合理地分析和结论，总结对四类受控源的认识和理解。

(4)心得体会及其他。

注：不同类型的受控源可以进行级联以形成等效的另一类型的受控源。如受控源 CCVS 与 VCCS 进行适当的连接可组成 CCCS 或 VCVS。

如图 2-7-11 及图 2-7-12 所示，为由 CCVS 及 VCCS 级联后组成的 CCCS 及 VCCS 电路连接图。

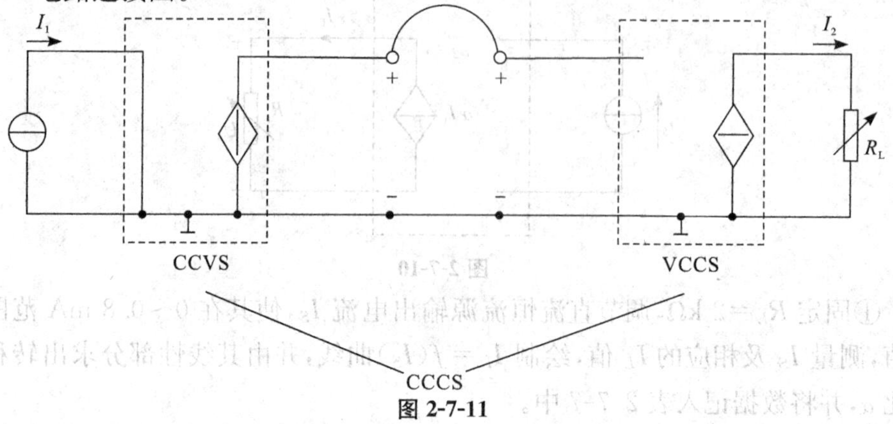

图 2-7-11

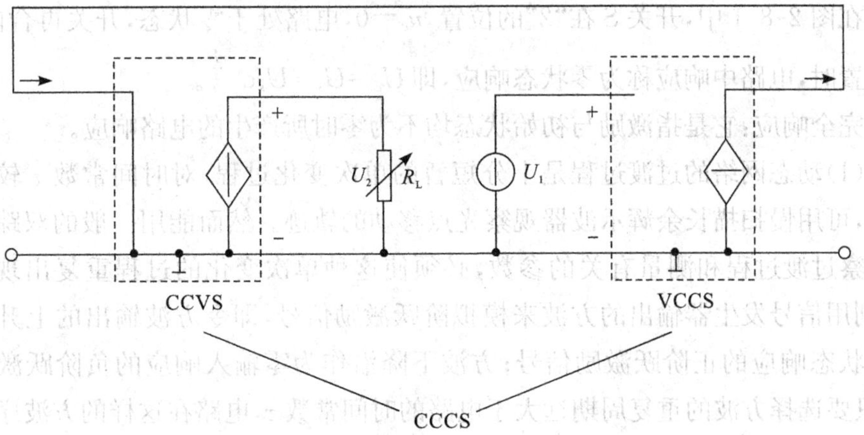

图 2-7-12

2.8 RC 一阶电路的响应测试

2.8.1 实验目的

(1)熟悉一阶 RC 电路的零状态响应,零输入响应及全响应的变化规律和特点。

(2)掌握有关微分电路和积分电路的概念,了解电路参数对一阶电路时间常数的影响。

(3)进一步学会用示波器测绘图形。

2.8.2 实验预习要求

(1)什么样的电信号可作为 RC 一阶电路零输入响应、零状态响应和完全响应的激励信号?

(2)已知 RC 一阶电路 $R=10\ \text{k}\Omega$,$C=0.1\ \mu\text{F}$,试计算时间常数 τ,并根据 τ 值的物理意义,拟定测定 τ 的方案。

(3)何谓积分电路和微分电路,它们必须具备什么条件?它们在方波序列脉冲的激励下,其输出信号波形的变化规律如何?这两种电路有何功用?

2.8.3 实验原理

零输入响应:它是指激励为零,由初始状态不为零所引起的电路响应。

在图 2-8-1(a)中,开关 S 在“1”的位置电路稳定后,再合向“2”的位置时,电路中响应称为零输入响应,即 $U_c=U_s e^{-\frac{t}{\tau}}$。

零状态响应:它是指初始状态为零,而激励不为零所产生的电路响应。

在图 2 8-1 中，开关 S 在“2”的位置，$u_c=0$，电路处于零状态，开关再合向“1”的位置时，电路中响应称为零状态响应，即 $U_c=U_s-U_s e^{-\frac{t}{\tau}}$。

完全响应：它是指激励与初始状态均不为零时所产生的电路响应。

(1)动态网络的过渡过程是十分短暂的单次变化过程，对时间常数 τ 较大的电路，可用慢扫描长余辉示波器观察光点移动的轨迹。然而能用一般的双踪示波器观察过渡过程和测量有关的参数，必须使这种单次变化的过程重复出现。为此，利用信号发生器输出的方波来模拟阶跃激励信号，即令方波输出的上升沿作为零状态响应的正阶跃激励信号；方波下降沿作为零输入响应的负阶跃激励信号，只要选择方波的重复周期远大于电路的时间常数 τ，电路在这样的方波序列脉冲信号的激励下，它的影响和直流电源接通与断开的过渡过程是基本相同的。

(2)RC 一阶电路的零输入响应和零状态响应分别按指数规律衰减和增长，其变化的快慢决定于电路的时间常数 τ。

(3)时间常数 τ 的测定方法。

图 2-8-1(a)所示电路，用示波器测得零输入响应的波形如图 2-8-1(b)所示。

根据一阶微分方程的求解得知

$$U_c=Ee^{-t/RC}=Ee^{-t/\tau} \quad \text{当 } t=\tau \text{ 时}, U_c(\tau)=0.368E$$

此时所对应的时间就等于 τ 亦可用零状态响应波形增长到 $0.632E$ 所对应的时间测得，如图 2-8-1(c)所示。

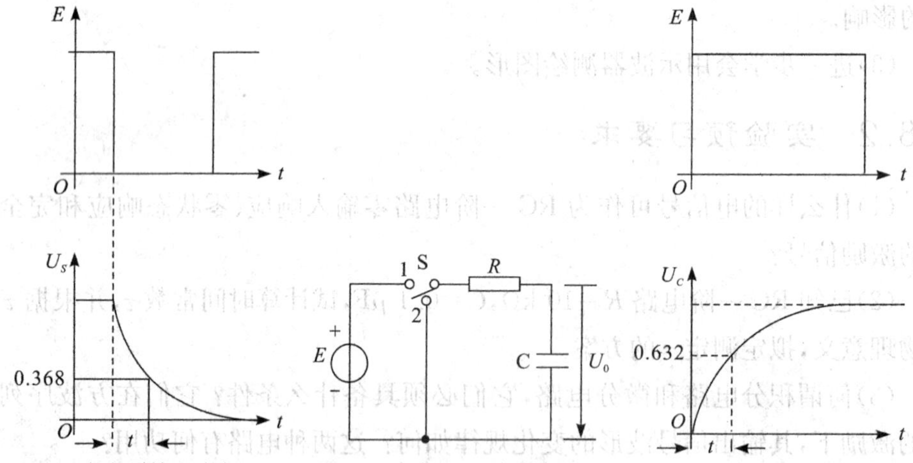

(b) 零输入响应　(a) RC一阶电路　(c) 零输入响应

图 2-8-1

(4)微分电路和积分电路是 RC 一阶电路中较典型的电路，它对电路元件参数和输入信号的周期有着特定的要求。一个简单的 RC 串联电路，在方波序列脉冲的重复激励下，当满足 $\tau=RC\ll\frac{T}{2}$ 时(T 为方波脉冲的重复周期)，且由 R 端作为响应输出，如图 2-8-2(a)所示。这就构成了一个微分电路，因为此时电路的输出信号电压与输入信号电压的微分成正比。

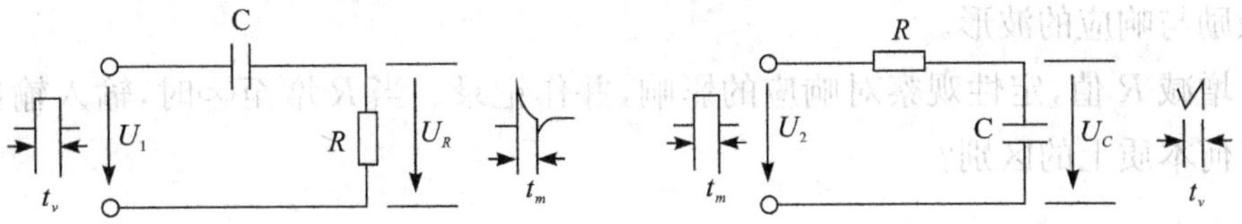

（a）微分电路 （b）积分电路

图 2-8-2

若将图 2-8-2(a)中的 R 与 C 位置调换一下，即由 C 端作为响应输出，且当电路参数的选择满足 $\tau=RC\gg\frac{T}{2}$ 条件时，如图 2-8-2(b)所示即构成积分电路，因为此时电路的输出信号电压与输入信号电压的积分成正比。利用积分电路可以将方波变成三角波。

从输出波形来看，上述两个电路均起着波形变换的作用，请在实验过程中仔细观察与记录。

2.8.4 实验设备

序号	名 称	型号与规格	数 量	备 注
1	直流稳压电源	0～30 V	1	
2	信号发生器		1	
3	双踪示波器		1	
4	电路实验箱		1	

2.8.5 实验内容

实验线路板的结构如实验箱所示，认清 R、C 元件的布局及其标称值，各开关的通断位置，等等。

(1)选择动态线路板上 R、C 元件。

①令 $R=10\ \text{k}\Omega$，$C=1000\ \text{pF}$，组成如图 2-8-1(a)所示的 RC 充放电电路，E 为函数信号发生器输出，取 $U_m=3\ \text{V}$，$f=1\ \text{kHz}$ 的方波电压信号，并通过两根同轴电缆线，将激励源 u 和响应 u_c 的信号分别连至示波器的两个输入口 Y_A 和 Y_B，这时可在示波器的屏幕上观察到激励与响应的变化规律，测时间常数 τ，并描绘 u 及 u_c 波形。

少量改变电容值或电阻值，定性观察对响应的影响，记录观察到的现象。

②令 $R=10\ \text{k}\Omega$，$C=3300\ \text{pF}$，观察并描绘响应波形，继续增大 C 值，定性观察对响应的影响。

(2)选择动态板上 R、C 元件，组成如图 2-8-2(a)所示微分电路，令 $C=3300$

pF，R=30 kΩ。在同样的方波激励信号(U_m=3 V，f=1 kHz)作用下，观测并描绘激励与响应的波形。

增减 R 值，定性观察对响应的影响，并作记录。当 R 增至∞时，输入输出波形有何本质上的区别？

2.8.6 注意事项

(1)调节示波器时，要注意触发开关和电平调节旋钮的配合使用，以使显示的波形稳定。

(2)为防止外界干扰，函数信号发生器的接地端与示波器的接地端要连接在一起(称共地)。

2.8.7 实验报告要求

(1)根据实验观测结果，在方格纸上绘出 RC 一阶电路充放电时 u_c 的变化曲线，由曲线测得 τ 值，并与参数值的计算结果作比较，分析误差原因。

(2)根据实验观测结果，归纳、总结积分电路和微分电路的形成条件，阐明波形变换的特征。

2.9 功率因数的提高

2.9.1 实验目的

(1)研究正弦稳态交流电路中电压、电流相量之间的关系。

(2)掌握日光灯线路的接线。

(3)理解改善电路功率因数的意义并掌握其方法。

2.9.2 实验预习要求

(1)提高电路的功率因数是否就是将负载的功率因数提高了？

(2)提高线路功率因数为什么只采用并联电容器法，而不用串联法？并联的电容器是否越大越好？

2.9.3 实验原理

在单相正弦交流电路中，用交流电流表测得各支路的电流值，用交流电压表测得回路各元件两端的电压值，它们之间的关系满足相量形式的基尔霍夫定律，即 $\sum \dot{I}=0$ 和 $\sum \dot{U}=0$。

(1)日光灯电路(图 2-9-1)是感性负载电路。镇流器 L 可看作电感与电阻的串联;点燃的日光灯管看成是电阻元件。

(2)例如 20 瓦日光灯电路在外加电压 $U=220$ V(有效值)的作用下,灯管电流为 0.31 A,电路的有功功率为 $P=20$ W,日光灯的功率因数为

$$\cos\varphi=P/UI=\frac{20}{220\times0.31}=0.293$$

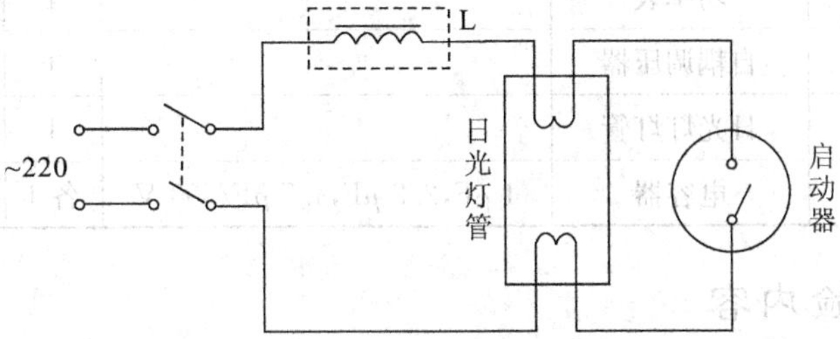

图 2-9-1　日光灯原理图

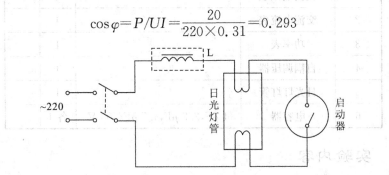

负载功率因数低使得供电电源设备容量不能充分利用;另外,因为功率因数低,线路总电流大,导致电能损耗增加,这些都是很不经济的。

(3)在日光灯电路上并联电容(图 2-9-2)可以提高功率因数。由图 2-9-3 的相量图可见,由于有了 $\dot{I}_C$ 这一分量,总电流减少了,整个负载的功率因数提高了。

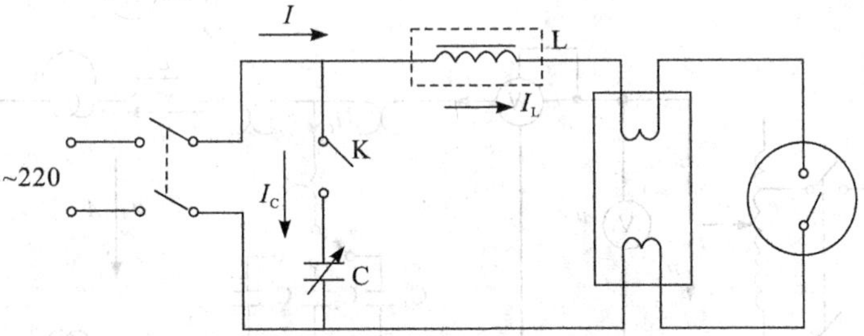

图 2-9-2　并联电容的日光灯电路图

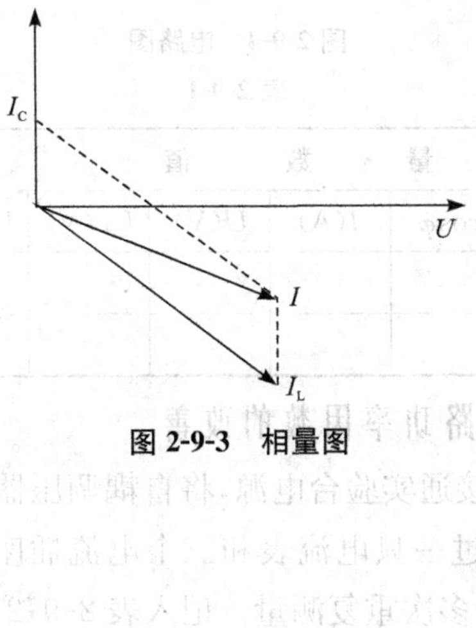

图 2-9-3　相量图

2.9.4 实验设备

序号	名称	型号与规格	数量	备注
1	交流电压表	0～450 V	1	
2	交流电流表	0～5 A	1	
3	功率表		1	
4	自耦调压器		1	
5	日光灯灯管		1	
6	电容器	1 μF，2.2 μF，4.7 μF/500 V	各 1	

2.9.5 实验内容

1. 测量日光灯线路接线与测量

按图 2-9-4 所示接线，经指导教师检查后，接通电源后调节自耦调压器的输出，使其输出电压缓慢增大，直到日光灯刚启辉点亮为止。记录电流表、电压表和功率表的读数，计算日光灯元件的参数，记入表 2-9-1 中。

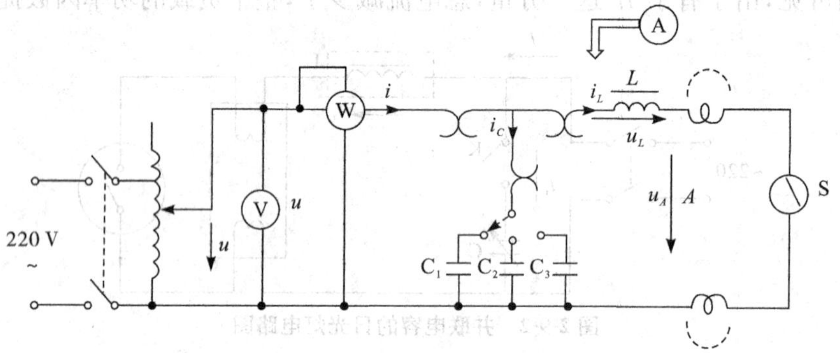

图 2-9-4 电路图

表 2-9-1

测量数值							计算值	
	P(W)	$\cos\varphi$	I(A)	U(V)	U_L(V)	U_A(V)	R(Ω)	X(Ω)
启辉值								
正常工作值								

2. 并联电容——电路功率因数的改善

经指导老师检查后，接通实验台电源，将自耦调压器的输出调至 220 V，记录功率表、电压表读数。通过一只电流表和三个电流插座分别测得三条支路的电流，改变并联电容值，进行多次重复测量。记入表 2-9-2 中。

表 2-9-2

电容值	测量数值					
(μF)	P(W)	$\cos\varphi$	U(V)	I(A)	I_L(A)	I_C(A)
0						
1						
2.2						
3.2						
4.2						
4.7						
5.7						
6.9						

2.9.6 实验注意事项

(1)实验前调压器应在零位，线路接好经检查后，方能接通电源，调压到 220 V 即可。

(2)注意功率表电流线圈和电压线圈不要接错，电流线圈要和负载串联，电压线圈则要和所检测的负载并联。

2.9.7 实验报告要求

(1)完成数据表格中的计算，根据实验数据，分别绘出电压、电流相量图，验证相量形式的基尔霍夫定律。

(2)绘出 $\cos\varphi$—C、I—C 关系曲线，并分析曲线的变换规律。

(3)讨论改善电路功率因数的意义和方法。

(4)装接日光灯线路的心得体会及其他。

2.10 三相负载实验

2.10.1 实验目的

(1)学会负载的星形连接和三角形连接。

(2)学会三相交流电功率的测量。

(3)验证对称负载作星形连接时，负载线电压和负载相电压的关系。

2.10.2 实验预习

(1)三相负载根据什么条件作星形或三角形连接?

(2)复习三相交流电路有关内容,试分析三相星形连接不对称负载在无中线情况下,当某相负载开路或是短路时会出现什么情况?如果接上中线,情况又如何?

(3)本次实验中为什么要通过三相调压器将 380 V 的市电线电压降为 220 V 的线电压试用?

2.10.3 实验原理

(1)三相负载可接成星形(又称"Y"接)或三角形(又称"△"接)。当三相负载做 Y 形连接时,线电压 U_l 是相电压 U_P 的 3 倍。线电流 I_l 等于相电流 I_P,即

$$U_l=3U_P \qquad I_l=I_P$$

在这种情况下,流过中线的电流 $I_0=0$,所以可以省去中线。当对称三相负载作△形连接时,有

$$I_l=3I_P \qquad U_l=U_P$$

(2)不对称三相负载作 Y 形连接时,必须采用三相四线制接法,即 Y_0 接法。而且中线必须牢固连接,以保证三相不对称负载的每相电压维持对称不变。

倘若中线断开,会导致三相负载电压的不对称,致使负载轻的那一相的相电压过高,使负载遭受损坏;负载重的那一相电压又过低,使负载不能正常工作。

(3)当不对称负载作△形连接时,$I_l \neq 3I_P$,但只要电源的线电压 U_l 对称,加在三相负载上的电压仍是对称的,对各项负载工作没有影响。

2.10.4 实验设备

序号	名 称	型号与规格	数 量	备 注
1	电路实验台		1	
2	交流电压表		1	
3	交流电流表		1	
4	灯泡		9	

2.10.5 实验内容

1. 负载作星形连接

负载对称时,测负载相电压 U_A,U_B,U_C,线电压 U_{AB},U_{BC},U_{CA},相电流 I_A,I_B,I_C,中线电流 I_N 以及两中性点电压 $U_{OO'}$ 和总功率 P。负载不对称时,中线接通,测

量表 2-10-1 的各量。负载不对称时，取掉中线，测量表中的各量，比较负载不对称时接通中线与去掉中线的各量，明确中线的作用。

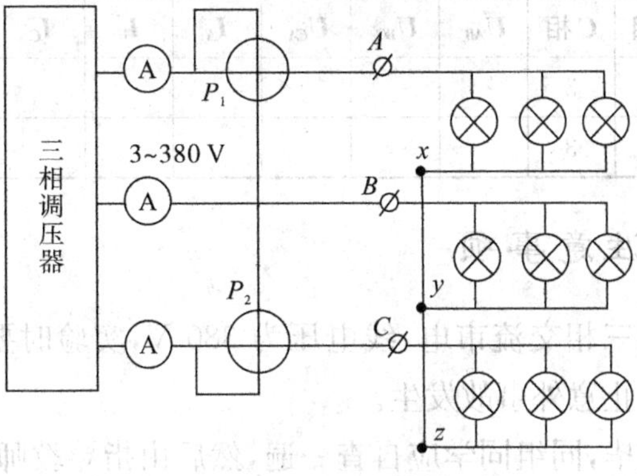

图 2-10-1 星形电路图

表 2-10-1

负载	中线	开灯盏数			线电流(A)			线电压(V)			相电压(V)		
		A 相	*B* 相	*C* 相	I_A	I_B	I_C	U_{AB}	U_{BC}	U_{CA}	U_A	U_B	U_C
对称	有	3	3	3									
	无												
不对称	有	1	2	3									
	无												

2. 负载作三角形连接

(1)负载对称，测负载的相电压和线电压，相电流和线电流，以及负载的总功率 $P_{\triangle}$。

(2)使负载不对称时，重复内容(1)中各项测量。

(3)由(1)(2)明确三相三线制功率测量方法。

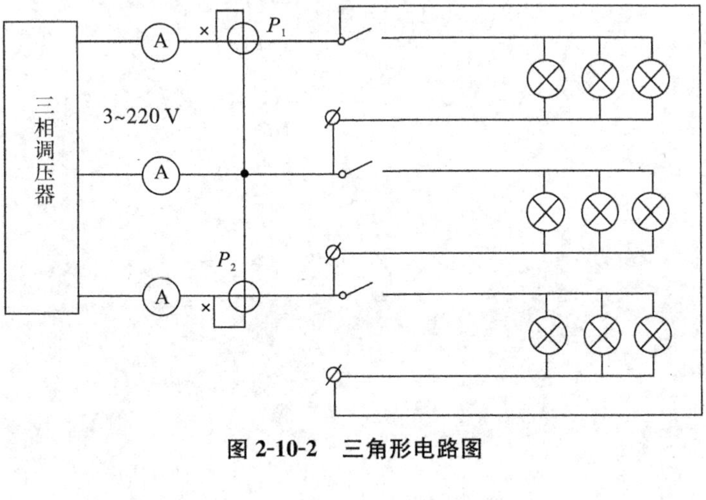

图 2-10-2 三角形电路图

表 2-10-2

负载	开灯盏数			线(相)电压(V)			线电流(A)			相电流(A)		
	A 相	B 相	C 相	U_{AB}	U_{BC}	U_{CA}	I_A	I_B	I_C	I_{AB}	I_{BC}	I_{CA}
对称	3	3	3									
不对称	1	2	3									

2.10.6 实验注意事项

(1)本实验采用三相交流市电，线电压为 380 V，实验时要注意人身安全，不可触及导电部件，防止意外事故发生。

(2)每次接线完毕，同组同学应自查一遍，然后由指导教师检查后方可接通电源，必须严格遵守先断电、再接线、后通电；先断电、后拆线的实验操作原则。

(3)星形负载做短路实验时，必须首先断开中线，以免发生短路事故。

(4)为避免烧坏灯泡，实验挂箱内设有过压保护装置。当任一相电压＞245～250 V 时，即声光报警跳闸。因此，在做 Y 形连接不平衡负载或缺相实验时，所加线电压应以最高相电压＜240 V 为宜。

2.10.7 实验报告要求

(1)用实验测得的数据验证对称三相电路中 3 的关系。

(2)用实验数据和观察到的现象，总结三相四线供电系统中中线的作用。

(3)不对称三角形连接的负载，能否正常工作？实验能否证明这一点？

(4)心得体会及其他。

第3章 模拟电子技术实验

3.1 单级放大电路

3.1.1 实验目的

(1)熟悉电子元器件和模拟电路实验箱。

(2)掌握放大器静态工作点的调试方法及其静态工作点对放大器性能的影响。

(3)掌握放大器静态工作点、电压放大倍数、输入电阻、输出电阻的测试方法。

(4)了解共射极放大电路特性,学习放大电路的动态性能分析。

3.1.2 实验预习要求

(1)预习三极管的特性及工作原理。

(2)预习共射极放大电路的实验原理及测量方法。

(3)尝试估算该电路的增益 A_v、输入电阻 R_i 和输出电阻 R_o。

3.1.3 实验原理

单级放大电路是构成多级放大器和复杂电路的基本单元。作用是在不失真的条件下,对输入信号进行放大。所以放大器若要正常工作,必须设置合适的静态工作点。静态工作点的设置除了要满足放大倍数、输入电阻、输出电阻、非线性失真等各项指标的要求以外,还要满足当外界环境等条件发生变化时,静态工作点要保持稳定。影响静态工作点的因素较多,但当晶体管确定之后,主要因素取决于偏置电路,如电源电压的变动、集电极电阻 R_c 和基极偏置电阻的改变等都会影响工作点。

为了稳定静态工作点,经常采用具有直流电流负反馈的分压偏置单管放大器实验电路,如图 3-1-1 所示。电路由上、下两部分偏置电阻组成分压电路。上偏置电阻 R_{b2} 中 R_P 是为了调节三极管静态工作点而设置的;R_{B1} 为下偏置电阻;R_c 为集电极电阻;R_e 为发射极电流负反馈电阻,起到稳定直流工作点的作用;C_1 和 C_2 为交流耦合电容;C_e 为发射极旁路电容,为交流信号提供通路;R_s 为测试电阻,便于测量输入电阻;R_L 为负载电阻。外加输入的交流信号 u_s 经 C_1 耦合到三极管的基极，经放大器放大输出后从三极管的集电极输出，再经 C_2 耦合到负载电阻 R_L 上。如此时通过示波器观测可以观测到一个与 u_i 相位相反，幅值被放大了的输出信号 u_o。

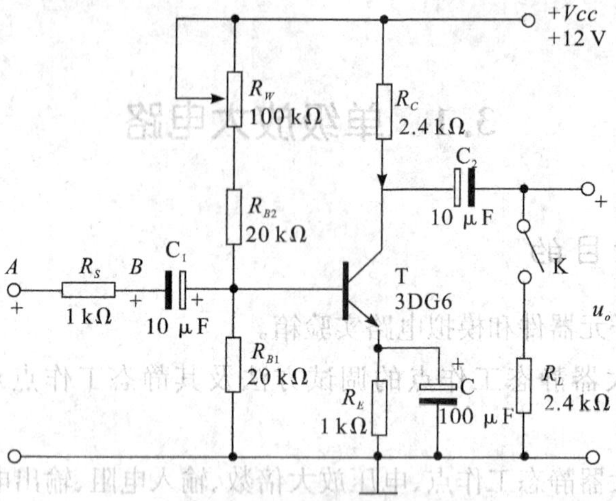

图 3-1-1 单极放大电路

分压偏置式放大电路具有稳定 Q 点的作用，在实际电路中应用广泛。实际应用中，为保证 Q 点稳定，对于硅材料的三极管而言，估算时一般选取：静态时 R_{b2} 流过的电流 $I_2=(5\sim10)I_{BQ}$，$V_{BQ}=(5\sim10)U_{BEQ}$，则它的静态工作点可用下式估算：

$$V_{BQ}\approx\frac{R_{b2}}{R_{b1}+R_{b2}}V_{CC}$$

$$I_C\approx I_E\approx(U_B-U_{BE})/R_E$$

$$U_{CE}\approx U_{CC}-I_C(R_C+R_E)$$

$$A_v=-\beta\frac{R_L//R_C}{r_{be}}$$

输入电阻：$R_i=R_{B1}//R_{B2}//[r_{be}+(1+\beta)R_E]$

输出电阻：$R_O\approx R_C$

由于电子器件性能的分散性比较大，因此在设计和制作晶体管放大电路时，离不开测量和调试技术。在设计前应测量所用元器件的参数，为电路设计提供必要的依据，在完成设计和装配以后，还必须测量和调试放大器的静态工作点和各项性能指标。一个优质放大器，必定是理论设计与实验调整相结合的产物。因此，除了学习放大器的理论知识和设计方法外，还必须掌握必要的测量和调试技术。

放大器的测量和调试一般包括：放大器静态工作点的测量与调试，消除干扰与自激振荡及放大器各项动态参数的测量与调试等。

1. 放大器静态工作点的测量与调试

(1)静态工作点的测量。

测量放大器的静态工作点，应在输入信号 $u_i=0$ 的情况下进行，即将放大器输入端与地端短接，然后选用量程合适的直流毫安表和直流电压表，分别测量晶体管的集电极电流 I_C 以及各电极对地的电位 U_B、U_C 和 U_E。一般实验中，为了避免断开集电极，所以采用测量电压 U_E 或 U_C，然后算出 I_C 的方法，例如，只要测出 U_E，即可用

$I_C \approx I_E = \dfrac{U_E}{R_E}$ 算出 I_C（也可根据 $I_C = \dfrac{U_{CC} - U_C}{R_C}$，由 U_C 确定 I_C），

同时也能算出 $U_{BE} = U_B - U_E$，$U_{CE} = U_C - U_E$。

为了减小误差，提高测量精度，应选用内阻较高的直流电压表。

(2)静态工作点的调试。

放大器静态工作点的调试是指对集电极电流 I_C（或 U_{CE}）的调整与测试。

静态工作点是否合适，对放大器的性能和输出波形都有很大影响。如工作点偏高，放大器在加入交流信号以后易产生饱和失真，此时 u_o 的负半周将被削底，如图 3-1-2(a)所示；如工作点偏低则易产生截止失真，即 u_o 的正半周被缩顶（一般截止失真不如饱和失真明显），如图 3-1-2(b)所示。这些情况都不符合不失真放大的要求。所以在选定工作点以后还必须进行动态调试，即在放大器的输入端加入一定的输入电压 u_i，检查输出电压 u_o 的大小和波形是否满足要求。如不满足，则应调节静态工作点的位置。

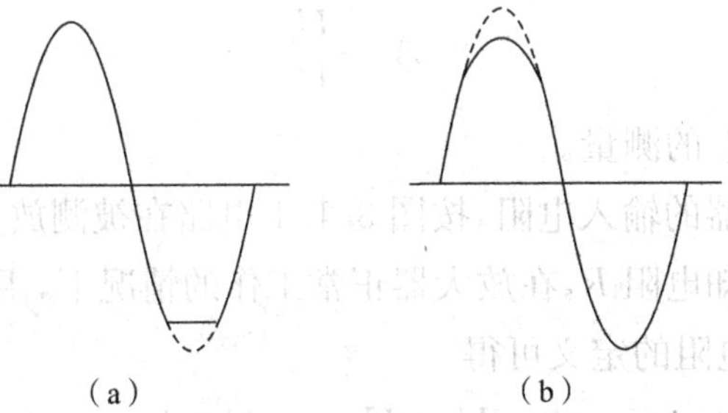

图 3-1-2　静态工作点对 u_o 波形失真的影响

改变电路参数 U_{CC}、R_C、R_B（R_{B1}、R_{B2}）都会引起静态工作点的变化，如图3-1-3所示。但通常多采用调节偏置电阻 R_{B2} 的方法来改变静态工作点，如减小 R_{B2}，则可使静态工作点提高等。

最后还要说明的是，上面所说的工作点“偏高”或“偏低”不是绝对的，应该是相对信号的幅度而言的，如输入信号幅度很小，即使工作点较高或较低也不一定会出现失真。所以确切地说，产生波形失真是信号幅度与静态工作点设置配合不当所致。如需满足较大信号幅度的要求，静态工作点最好尽量靠近交流负载线的中点。调试合适的静态工作点，就像我们在学生时期必须树立正确的世界观、价值观、人生观，只有三观正确，才能明确方向，以扎实的文化知识为日后担起建设祖国重任筑牢基础。

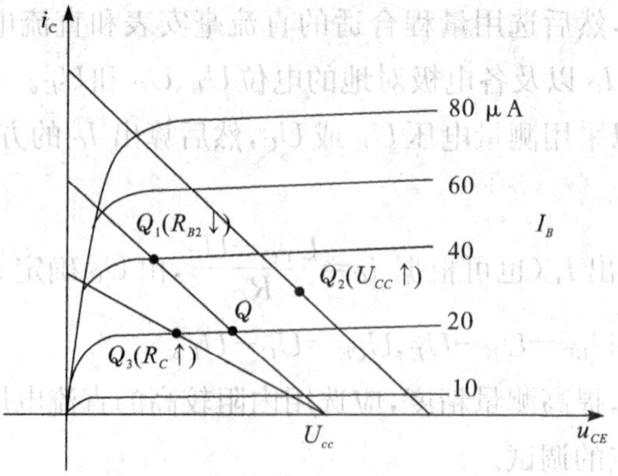

图 3-1-3 电路参数对静态工作点的影响

2. 放大器动态指标测试

放大器动态指标包括电压放大倍数、输入电阻、输出电阻、最大不失真输出电压(动态范围)和通频带等。

(1)电压放大倍数 A_V的测量。

调整放大器到合适的静态工作点，然后加入输入电压 u_i，在输出电压 u_o 不失真的情况下，用交流毫伏表测出 u_i 和 u_o 的有效值 U_i 和 U_o，则

$$A_V=\frac{U_o}{U_i}$$

(2)输入电阻 R_i 的测量。

为了测量放大器的输入电阻，按图 3-1-4 电路在被测放大器的输入端与信号源之间串入一个已知电阻 R，在放大器正常工作的情况下，用交流毫伏表测出 U_S 和 U_i，则根据输入电阻的定义可得

$$R_i=\frac{U_i}{I_i}=\frac{U_i}{\dfrac{U_R}{R}}=\frac{U_i}{U_S-U_i}R$$

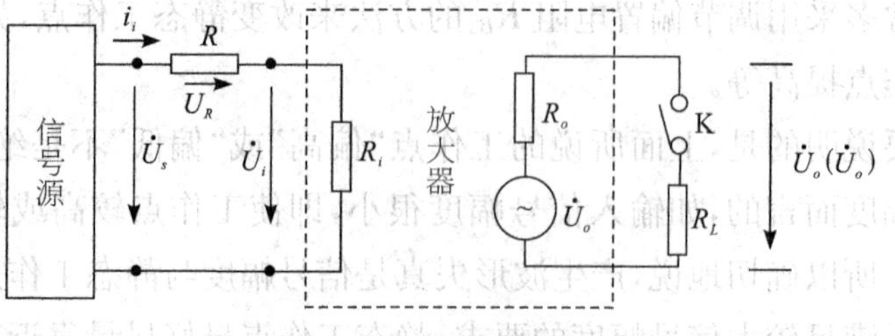

图 3-1-4 输入、输出电阻测量电路

测量时应注意下列几点：

①由于电阻 R 两端没有电路公共接地点，所以测量 R 两端电压 U_R 时必须分别测出 U_S 和 U_i，然后按 $U_R=U_S-U_i$ 求出 U_R 值。

②电阻 R 的值不宜取得过大或过小，以免产生较大的测量误差，通常取 R 与 R_i 为同一数量级为好，本实验可取 $R=1\sim2\ \text{k}\Omega$。

(3)输出电阻 R_o 的测量。

按图 3-1-4 电路，在放大器正常工作条件下，测出输出端不接负载 R_L 的输出电压 U_o 和接入负载后的输出电压 U_L，根据

$$U_L=\frac{R_L}{R_o+R_L}U_o$$

即可求出：

$$R_o=\left(\frac{U_o}{U_L}-1\right)R_L$$

在测试中应注意，必须保持 R_L 接入前后输入信号的大小不变。

(4)最大不失真输出电压 U_{OPP} 的测量(最大动态范围)。

如上所述，为了得到最大动态范围，应将静态工作点调在交流负载线的中点。为此在放大器正常工作情况下，逐步增大输入信号的幅度，并同时调节 R_W(改变静态工作点)，用示波器观察 u_O，当输出波形同时出现削底和缩顶现象(如图 3-1-5)时，说明静态工作点已调在交流负载线的中点。然后反复调整输入信号，使波形输出幅度最大，且无明显失真时，用交流毫伏表测出 U_O(有效值)，则动态范围等于 $2\sqrt{2}U_O$。或用示波器直接读出 U_{OPP} 来。

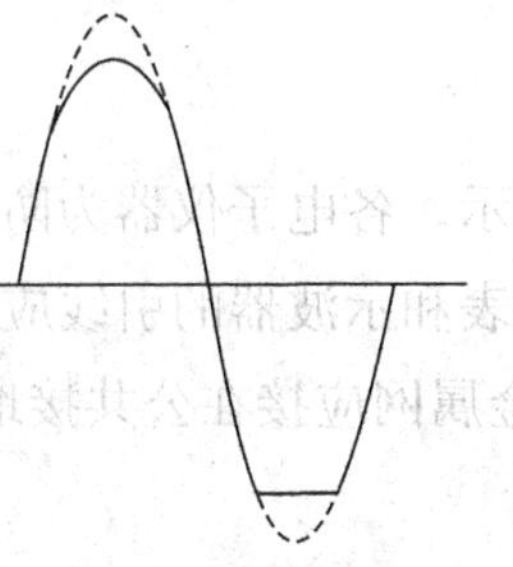

图 3-1-5　静态工作点正常，输入信号太大引起的失真

(5)放大器幅频特性的测量。

放大器的幅频特性是指放大器的电压放大倍数 A_U 与输入信号频率 f 之间的关系曲线。单管阻容耦合放大电路的幅频特性曲线如图 3-1-6 所示，A_{um} 为中频电压放大倍数，通常规定电压放大倍数随频率变化下降到中频放大倍数的$1/\sqrt{2}$倍，即 $0.707A_{um}$ 所对应的频率分别称为下限频率 f_L 和上限频率 f_H，则通频带

$$f_{BW}=f_H-f_L$$

放大器的幅频特性就是测量不同频率信号时的电压放大倍数 A_U。为此，可采用前述测 A_U 的方法，每改变一个信号频率，测量其相应的电压放大倍数，测量时应注意取点要恰当，在低频段与高频段应多测几点，在中频段可以少测几点。此外，在改变频率时，要保持输入信号的幅度不变，且输出波形不得失真。

(6)干扰和自激振荡的消除，参考实验附录。

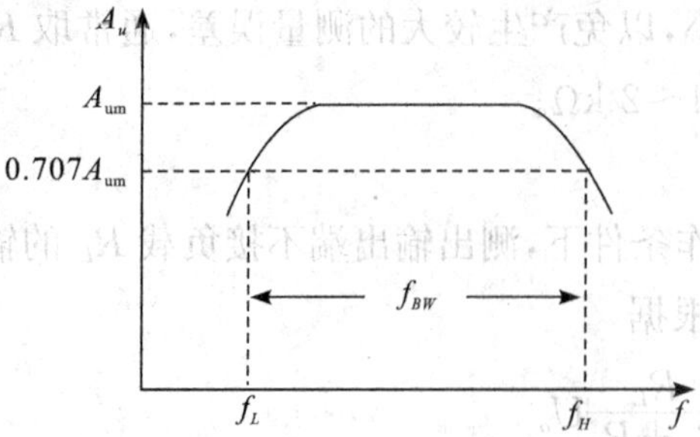

图 3-1-6 幅频特性曲线

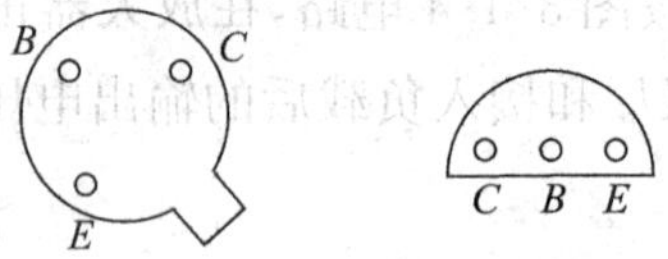

图 3-1-7 晶体三极管管脚排列

3.1.4 实验仪器

序号	名 称	型号与规格	数 量	备 注
1	模拟电子技术实验箱		1	
2	函数信号发生器		1	
3	双踪示波器		1	
4	交流毫伏表		1	
5	万用表		1	

3.1.5 实验内容

实验电路如图 3-1-1 所示。各电子仪器为防止干扰，仪器的公共端必须连在一起，同时信号源、交流毫伏表和示波器的引线应采用专用电缆线或屏蔽线，如使用屏蔽线，则屏蔽线的外包金属网应接在公共接地端上。

1. 调试静态工作点

将信号发生器频率调至 1 kHz，电压调成 10 mV 的正弦信号接到放大电路的输入端，同时接入双踪示波器的 CH_1 通道，放大电路的输出端则接至示波器的 CH_2 通道。调整电位器 R_p，使示波器上显示的输出电压波形不失真。接着，慢慢增大输入信号的幅值，同时调整电位器 R_p，使得波形同时出现截止失真和饱和失真，此时减小输入信号，使得波形刚好处于不失真状态。关闭信号发生器，使 $U_i=0$。用直流电压表测量 U_B、U_E、U_C 及用万用电表测量 R_{B2} 值。记入表 3-1-1。

表 3-1-1 $I_e=2$ mA

测 量 值				计 算 值		
U_B(V)	U_E(V)	U_C(V)	R_{b2}(kΩ)	U_{BE}(V)	U_{CE}(V)	I_e(mA)

2. 测量电压放大倍数

在放大器输入端加入频率为 1 kHz 的正弦信号 u_S，调节函数信号发生器的输出旋钮使放大器输入电压 U_i 约为 10 mV，同时用示波器观察放大器输出电压 u_o 波形，在波形不失真的条件下用交流毫伏表测量下述三种情况下的 U_o 值，并用双踪示波器观察 u_o 和 u_i 的相位关系，记入表 3-1-2。

表 3-1-2 $U_i=$ mV

R_C(kΩ)	R_L(kΩ)	U_o(V)	A_V	观察记录一组 u_o 和 u_i 波形
2.4	∞			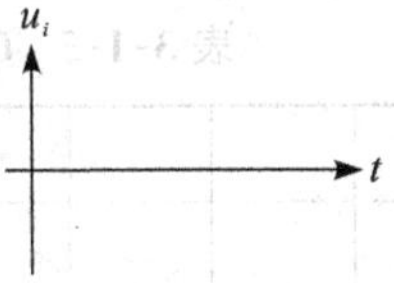 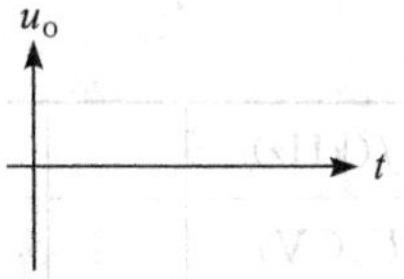
2.4	5.1			

*3. 观察静态工作点对输出波形失真的影响(选做)

置 $R_C=2.4$ kΩ，$R_L=2.4$ kΩ，$u_i=0$，调节 R_W 使 $I_C=2.0$ mA，测出 U_{CE} 值，再逐步加大输入信号，使输出电压 u_o 足够大但不失真。然后保持输入信号不变，分别增大和减小 R_W，使波形出现失真，绘出 u_o 的波形，并测出失真情况下的 I_C 和 U_{CE} 值，记入表 3-1-3 中。每次测 I_C 和 U_{CE} 值时都要将信号源的输出旋钮旋至零。

表 3-1-3 $R_C=2.4$ kΩ $R_L=\infty$ $U_i=$ mV

U_{CE}(V)	u_o 波形	失真情况	工作状态
	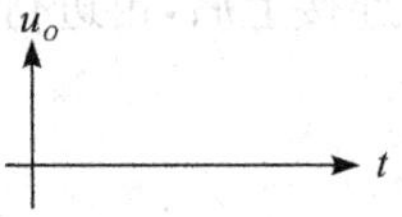		
	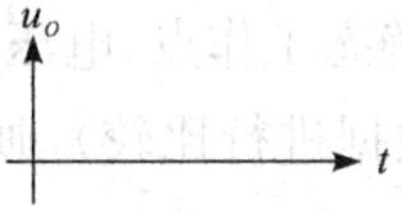		
	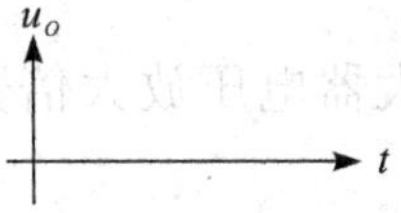		

4. 测量输入电阻和输出电阻

置 $R_C=2.4$ kΩ，$R_L=5.1$ kΩ。输入 $f=1$ kHz 的正弦信号，在输出电压 u_o 不失真的情况下，用交流毫伏表测出 U_S，U_i 和 U_L 记入表 3-1-4。

保持 U_S 不变，断开 R_L，测量输出电压 U_o，记入表 3-1-4。

表 3-1-4 $R_L=5.1\ k\Omega$ $R_C=2.4\ k\Omega$

U_S(mV)	U_i(mV)	R_i(kΩ)		U_L(V)	U_o(V)	R_o(kΩ)	
		测量值	计算值			测量值	计算值

*5. 测量幅频特性曲线(选做)

取 $I_C=2.0\ mA$,$R_C=2.4\ k\Omega$,$R_L=2.4\ k\Omega$。保持输入信号 u_i 的幅度不变,改变信号源频率 f,逐点测出相应的输出电压 U_o,记入表 3-1-5。

表 3-1-5 $U_i=$ mV

f(kHz)											
U_o(V)											
$A_V=U_o/U_i$											

为了信号源频率 f 取值合适,可先粗测一下,找出中频范围,然后再仔细读数。

说明:本实验内容较多,其中 3、5 可作为选作内容。

3.1.6 实验注意事项

(1)测试静态工作点时,务必使 $U_i=0$。

(2)由于信号发生器有内阻,而放大电路的输入电阻 R_i 不是无穷大,测量放点电路输入信号时,应将放大电路与信号发生器连接上后,再进行测量,避免造成误差。

3.1.7 实验报告要求

(1)列表整理测量结果,并把实测的静态工作点、电压放大倍数、输入电阻、输出电阻之值与理论计算值比较(取一组数据进行比较),画出必要的曲线,分析产生误差原因。

(2)总结 R_C、R_L 及静态工作点对放大器电压放大倍数、输入电阻、输出电阻的影响。

(3)讨论静态工作点变化对放大器输出波形的影响。

(4)分析讨论在调试过程中出现的问题。

3.2 射极跟随器

3.2.1 实验目的

(1)掌握射极跟随器的特性及测试方法。

(2)进一步学习放大器各项参数测试方法。

3.2.2 实验预习要求

(1)参照教材有关章节,熟悉射极跟随器的工作原理及特点。

(2)根据图 3-2-1 的元器件参数估算静态工作点并画出交、直流负载线。

3.2.3 实验原理

图 3-2-1 为射极跟随器的实验电路图。射极跟随器是一个电压串联负反馈放大电路,具有输入电阻高,输出电阻低,输入、输出信号同相,电压放大倍数小于1、接近于 1,输出电压能够在较大范围内跟随输入电压作线性变化等特点,故射极跟随器也叫电压跟随器。射极跟随器的输出取自发射极,所以也称其为射极输出器。射极跟随器常用于多级放大电路的输入级和输出级,也可用它连接两电路,减少电路间直接相连所带来的影响,起缓冲作用。

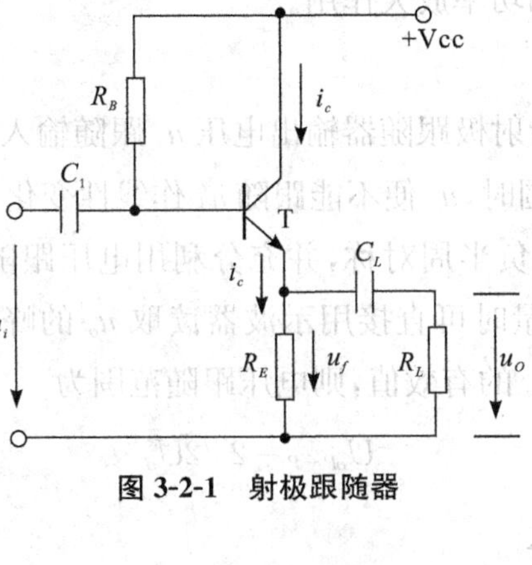

图 3-2-1 射极跟随器

1. 输入电阻 R_i

$$R_i=R_B//[r_{be}+(1+\beta)R_E]$$

如考虑负载 R_L 对输入电阻的影响,则

$$R_i=R_B//[r_{be}+(1+\beta)(R_E//R_L)]$$

由上式可知射极跟随器的输入电阻 R_i 比共射极单级放大电路的输入电阻 $R_i=R_B//r_{be}$ 要高得多,但由于偏置电阻 R_B 的分流作用,输入电阻难以进一步提高。

输入电阻的测试方法同单级放大电路,实验线路如图 3-2-1 所示。

$$R_i=[U_i/(U_s-U_i)]R$$

即只要测得 U_s、U_i 就可计算出 R_i。

2. **输出电阻 R_o**

$$R_o=\frac{r_{be}}{\beta}//R_E\approx\frac{r_{be}}{\beta}$$

如考虑信号源内阻 R_S，则：$R_o=\frac{r_{be}+(R_s//R_B)}{\beta}//R_E\approx\frac{r_{be}+(R_s//R_B)}{\beta}$

由上式可知射极跟随器的输出电阻 R_o 比共射极单级放大电路的输出电阻 $R_o\approx R_C$ 低得多。三极管的 β 愈高，输出电阻愈小。

输出电阻 R_o 的测试方法也同单级放大电路，即先测出空载输出电压 U_o，再测接入负载 R_L 后的输出电压 U_L，根据：$U_L=\frac{R_L}{R_o+R_L}U_o$

即可求出 R_o：
$$R_o=(\frac{U_o}{U_L}-1)R_L$$

3. **电压放大倍数**

$$A_V=\frac{(1+\beta)(R_E\parallel R_L)}{r_{be}+(1+\beta)(R_E\parallel R_L)}<1$$

上式说明射极跟随器的电压放大倍数小于、接近于1，且为正值。这是深度电压负反馈对放大电路影响的结果。但它的射极电流仍是基流的$(1+\beta)$倍，所以它具有一定的电流和功率放大作用。

4. **电压跟随范围**

电压跟随范围是指射极跟随器输出电压 u_o 跟随输入电压 u_i 作线性变化的区域。当 u_i 超过一定范围时，u_o 便不能跟随 u_i 作线性变化，即 u_o 波形产生了失真。为了使输出电压 u_o 正、负半周对称，并充分利用电压跟随范围，静态工作点应选在交流负载线中点，测量时可直接用示波器读取 u_o 的峰峰值，即电压跟随范围；或用交流毫伏表读取 u_o 的有效值，则电压跟随范围为

$$U_{oP-P}=2\sqrt{2}U_o$$

3.2.4 实验设备

序号	名称	型号与规格	数量	备注
1	模拟电子技术实验箱		1	
2	函数信号发生器		1	
3	双踪示波器		1	
4	交流毫伏表		1	
5	万用表		1	

3.2.5 实验内容

按图 3-2-1 连接电路。

1. 静态工作点的调整

接通+12 V 直流电源，在输入端加入 $f=1$ kHz 正弦信号，输出端用示波器观察输出波形，反复调整 R_p 及信号源的输出幅度，使在示波器的屏幕上得到一个最大不失真输出波形，然后置 $u_i=0$，用万用表测量晶体管各电极对地电位，将测得数据记入表 3-2-1。

表 3-2-1

U_E(V)	U_B(V)	U_C(V)	I_E(mA)

在下面整个测试过程中应保持 Rp 值不变(即保持静工作点 I_E 不变)。

2. 测量电压放大倍数 A_V

接入负载 $R_L=3$ kΩ，在输入端加 $f=1$ kHz 正弦信号，调节输入信号幅度，用示波器观察输出波形，在输出最大不失真情况下，用交流毫伏表测 U_i、U_L 值。记入表 3-2-2。

表 3-2-2

U_i(V)	U_L(V)	A_V

3. 测量输出电阻 R_0

接上负载 $R_L=3$ kΩ，在输入端加 $f=1$ kHz 正弦信号，用示波器观察输出波形，测空载输出电压 U_o，有负载时输出电压 U_L，记入表 3-2-3。

表 3-2-3

U_o(V)	U_L(V)	R_o(kΩ)

4. 测量输入电阻 R_i

在输入端加 $f=1$ kHz 的正弦信号，用示波器观察输出波形，用交流毫伏表分别测出 U_S、U_i，记入表 3-2-4。

表 3-2-4

U_S(V)	U_i(V)	R_i(kΩ)

***5. 测试跟随特性**

接入负载 $R_L=3$ kΩ，在输入端加入 $f=1$ kHz 正弦信号，逐渐增大信号的幅度，用示波器观察输出波形直至输出波形达最大不失真，测量对应的 U_O 值，记入表 3-2-5。

表 3-2-5

U_i(V)					
U_L(V)					

*6. 测试频率响应特性

保持输入信号 u_i 幅度不变，改变信号源频率，用示波器观察输出波形，用交流毫伏表测量不同频率下的输出电压 U_L 值，记入表 3-2-6。

表 3-2-6

f(kHz)										
U_L(V)										

3.2.6 实验注意事项

(1)接交流信号前，先将信号发生器的幅值输出调最小。防止输入信号过大。

(2)正确理解最大不失真波形的概念。

3.2.7 实验报告要求

(1)整理实验数据并画出曲线 $U_o=f(U_i)$ 及 $U_o=f(f)$ 曲线，进行必要的计算，列出表格，画出相应波形。

(2)将实验结果与理论计算进行比较，分析产生误差的原因。

3.3 两级放大电路

3.3.1 实验目的

(1)了解多级放大电路的级间影响。

(2)熟悉两级放大电路性能的测量及测试方法。

3.3.2 实验预习要求

(1)预习实验原理，熟悉两级阻容耦合放大电路的工作原理。

(2)根据实验所给定的电路参数，估算 R_{b2} 的阻值及各级放大电路的静态工作点。取 $\beta_1=\beta_2=100$。

3.3.3 实验原理

1. 多级放大器工作原理

一个放大器一般由多级基本放大电路组成，级间耦合方式有三种，即变压器耦合、阻容耦合和直接耦合。本实验是阻容耦合放大电路，这种耦合方式的优点是体积小，频率响应好，各级直流工作点相互独立；它的缺点是级与级之间是在阻抗失配状态下工作的，不能获得最大的功率增益，同时它不适用于放大缓慢变化的信号和直流信号，也不便于集成。但由于这种耦合方式应用方便，因此，仍广泛用于分立元件多级电压放大电路中。实验电路如图 3-3-1 所示（K_2 为打开状态），两级之间通过电容 C_2 耦合起来。电容具有"隔直通交"的作用，因此，各级的直流电路相互独立，每级的静态工作点互不相干，因此，可以分别调节各自合适的静态工作点。但是，对于动态信号的传递、放大，级与级之间是相互影响的，因为在多级放大器中，前级的输出就是后级的信号源，而后级的输入阻抗就是前级的负载。

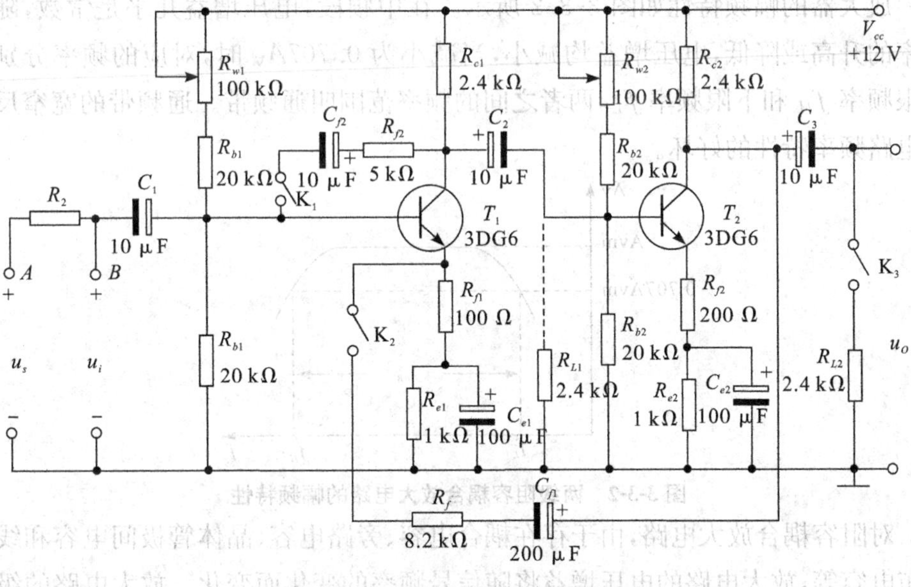

图 3-3-1 两级阻容耦合放大电路

2. 静态工作点的估算与测量

对两级阻容耦合放大电路静态工作点的计算，可先把两级放大电路分解为两个单级放大电路，然后运用单级放大电路静态工作点的分析方法进行分析。

对两级阻容耦合放大电路静态工作点的测量，可通过在工作点调整合适的情况下直接用万用表测量三极管各极性端对地的直流电压获得。

3. 两级阻容耦合放大电路的动态参数测量

两级阻容耦合放大电路的各级之间是通过串联连接，对信号的放大是逐级进行的，前级的输出电压作为后级的输入电压。对本实验电路，两级放大器的电压增益可表示为：

$$A_V=\frac{U_o}{U_i}=\frac{U_{o1}}{U_i}\cdot\frac{U_o}{U_{o1}}=\frac{-\beta_1(R_{c1}//r_{i2})}{r_{be1}+(1+\beta_1)R_{e1}}\cdot\frac{-\beta_2(R_{c2}//R_L)}{r_{be2}}$$

式中 $r_{i2}=R_{b2}//R_{b22}//r_{be2}$。

上式中的各级电压增益已考虑了级间的相互影响。在考虑级间影响时，将前级的输出电阻作为后级的信号源内阻，或者将后级的输入电阻作为前级的负载电阻(或其负载电阻的一部分)。因此，在具体实验的测试中，第一级的电压增益在单级与级联两种不同工作状态时必然存在着差异。

第一级的输入电阻即为两级放大器的输入电阻，可用如下公式表示：

$$r_i=R_{b1}//R_{b2}//(1+\beta_1)R_{e1}。$$

最后一级的输出电阻即为两级放大器的输出电阻，可用如下公式表示：

$$r_o\approx R_{c2}。$$

4. 两级阻容耦合放大器幅频特性的测量

放大器的幅频特性如图 3-3-2 所示。在中频段，电压增益几乎是常数，随着频率的升高或降低，电压增益均减小，当减小为 $0.707A_V$ 时，对应的频率分别叫上限频率 f_H 和下限频率 f_L，两者之间的频率范围叫通频带。通频带的宽窄反应了电路频率特性的好坏。

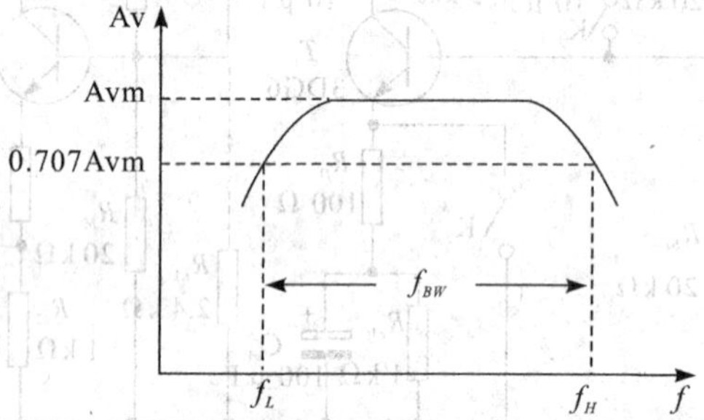

图 3-3-2 两级阻容耦合放大电路的幅频特性

对阻容耦合放大电路，由于存在耦合电容、旁路电容、晶体管极间电容和线间分布电容等，放大电路的电压增益将随信号频率的变化而变化。放大电路的级数越多，电压增益越大，放大器的通频带越窄。

3.3.4 实验设备

序号	名 称	型号与规格	数量	备注
1	模拟电子技术实验箱		1	
2	函数信号发生器		1	
3	双踪示波器		1	

续表

序号	名　称	型号与规格	数量	备注
4	交流毫伏表		1	
5	万用表		1	

3.3.5 实验内容

1. 设置静态工作点

(1)按图接线,注意尽可能短。

(2)在输入端加上 1 kHz 的正弦波信号,输出端接到示波器,(一般采用实验箱上加衰减的办法,即信号源用一个较大的信号,例如 1 V,在实验箱上经 100∶1 衰减电阻降为 10 mV)调节静态工作点使输出信号不失真。

(3)静态工作点设置:要求第二级在输出波形不失真的前提下幅值尽量大,第一级可尽可能低。

2. 测量并计算

按表 3-3-1 要求测量并计算,注意测静态工作点时应断开输入信号。

表 3-3-1

负载	静态工作点						输入/输出电压(mV)			电压放大倍数		
	第 1 级			第 2 级						第 1 级	第 2 级	整体
	U_{c1}	U_{b1}	U_{e1}	U_{c2}	U_{b2}	U_{e2}	U_i	U_{01}	U_{02}	A_{v1}	A_{v2}	A_v
空载												
5.1 kΩ												

注意:在整个测试过程中应保持 R_W 不变(即保持静态工作点 I_E 不变)。

*3. 测两级放大器的频率特性

(1)将放大器负载断开,先将输入信号频率调到 1 kHz,幅度调到使输出幅度最大而不失真。

(2)保持输入信号幅度不变,改变频率,按表 3-3-2 测量并记录。

(3)接上负载,重复上述实验。

表 3-3-2

	f	50 Hz	100 Hz	250 Hz	1 kHz	2.5 kHz	5 kHz	10 kHz	20 kHz	50 kHz	100 kHz
V_O	$R=\infty$										
	$R=5.1\ k\Omega$										

3.3.6 实验注意事项

调节静态工作点时,如果有寄生振荡,可采用以下措施消除:重新布线,导线尽可能短;信号源与放大电路之间用屏蔽线连接。三极管基极与发射极间加几pF到几百pF的电容。

3.3.7 实验报告要求

(1)整理实验数据及波形,进行必要的计算并把静态工作点和电压增益的估算值与理论值相比较。

(2)说明两级阻容耦合放大电路前、后级间的影响关系,说明第一级电压增益在单级与级联两种工作状态时为什么不相等?

(3)分析测试中出现的问题,总结实验收获。

3.4 负反馈放大电路

3.4.1 实验目的

(1)加深理解放大电路中引入负反馈的方法和负反馈对放大器各项性能指标的影响。

(2)研究负反馈对放大电路性能的影响。

(3)掌握反馈放大电路性能的测试方法。

3.4.2 实验预习要求

(1)复习教材中有关负反馈放大器的内容。熟悉电压串联负反馈放大电路的工作原理以及对放大电路的影响。

(2)按实验电路图3-4-1估算放大器的静态工作点(取$\beta_1=\beta_2=100$)。估算基本放大器的A_V和负反馈放大器的A_{Vf}。

3.4.3 实验原理

放大器中的负反馈就是把基本放大电路的输出量的一部分或全部按一定的方式送回到输入回路,来影响净输入量,对放大电路起自动调整作用,使输出量趋向于维持稳定。负反馈在电子电路中有着非常广泛的应用,虽然它使放大器的放大倍数降低,但能在多方面改善放大器的动态指标,如稳定放大倍数,改变输入、输出电阻,减小非线性失真和展宽通频带等。因此,几乎所有的实用放大器都带有负反馈。

根据输出端取样方式和输入端比较方式的不同,可以把负反馈分为四种组态:电压串联负反馈、电压并联负反馈、电流串联负反馈、电流并联负反馈。本实验以电压串联负反馈为例，分析负反馈对放大器各项性能指标的影响。

(1)图 3-4-1 为带有负反馈的两级阻容耦合放大电路，在电路中通过 R_f 把输出电压 u_O 引回到输入端，加在晶体管 T_1 的发射极上，在发射极电阻 R_{e1} 上形成反馈电压 u_f。根据反馈的判断法可知，它属于电压串联负反馈。

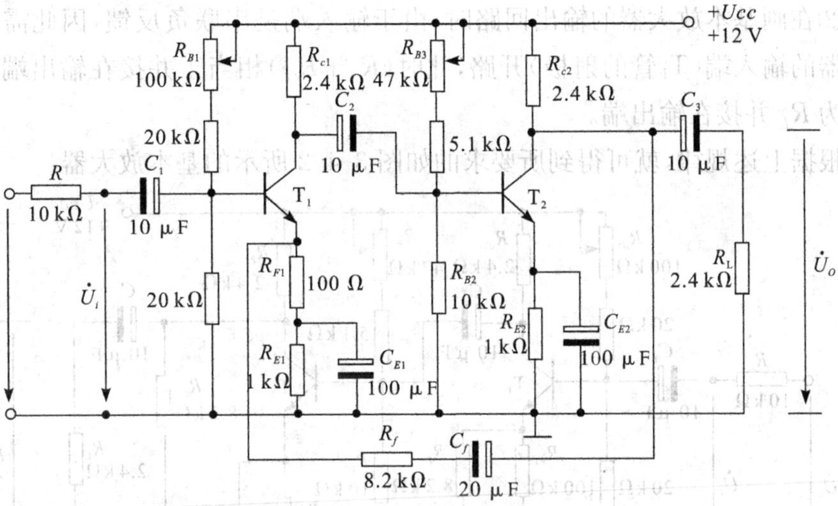

图 3-4-1 带有电压串联负反馈的两级阻容耦合放大器

主要性能指标如下：

①闭环电压放大倍数

$$A_{Vf}=\frac{A_V}{1+A_VF_V}$$

上式中 $A_V=U_O/U_i$—— 基本放大器(无反馈)的电压放大倍数，即开环电压放大倍数。

$1+A_VF_V$—— 反馈深度，它的大小决定了负反馈对放大器性能改善的程度。

②反馈系数

$$F_V=\frac{R_{e1}}{R_f+R_{e1}}$$

③输入电阻

$$R_{if}=(1+A_VF_V)R_i$$

上式中 R_i——基本放大器的输入电阻。

④ 输出电阻

$$R_{Of}=\frac{R_O}{1+A_{VO}F_V}$$

上式中 R_O——基本放大器的输出电阻。

A_{VO}——基本放大器 $R_L=\infty$ 时的电压放大倍数。

(2)对于测量基本放大器的动态参数，应该怎样实现无反馈而得到基本放大器呢？不能简单地断开反馈支路，而是要去掉反馈作用，但又要把反馈网络的影响（负载效应）考虑到基本放大器中。为此：

①在画基本放大器的输入回路时，因为是电压负反馈，所以可将负反馈放大器的输出端交流短路，即令 $u_O=0$，此时 R_f 相当于并联在 R_{e1} 上。

②在画基本放大器的输出回路时，由于输入端是串联负反馈，因此需将反馈放大器的输入端（T_1 管的射极）开路，此时（R_f+R_{e1}）相当于并接在输出端。可近似认为 R_f 并接在输出端。

根据上述规律，就可得到所要求的如图 3-4-2 所示的基本放大器。

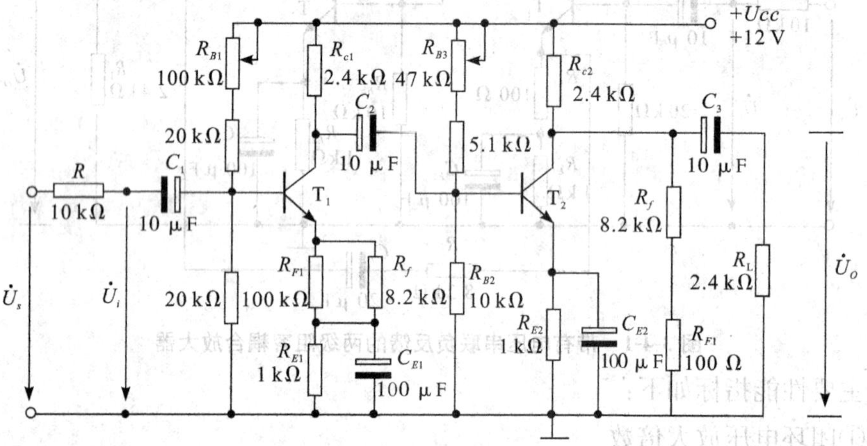

图 3-4-2 基本放大器电路

3.4.4 实验设备

序 号	名　　称	型号与规格	数　量	备　注
1	模拟电子技术实验箱		1	
2	函数信号发生器		1	
3	双踪示波器		1	
4	交流毫伏表		1	
5	万用表		1	

3.4.5 实验内容

1. 测量静态工作点

按图 3-4-1 连接实验电路，取 $U_{CC}=+12$ V，$U_i=0$，断开反馈支路，用万用表分别测量第一级、第二级的静态工作点，记入表 3-4-1 中。

表 3-4-1

	U_B(V)	U_E(V)	U_C(V)	I_C(mA)
第一级				
第二级				

2. 测试动态特性

(1)开环电路。

按图接线，R_F先不接入。输入端接入 $V_i=1$ mV，$f=1$ kHz 的正弦波。调整接线和参数使输出不失真且无振荡。

(2)闭环电路。

接通 R_F 按(1)的要求调整电路。并将数据填入表 3-4-2 中。

根据实测结果，验证 $A_{Vf}\approx 1/F$。

表 3-4-2

	R_L(kΩ)	U_i(mV)	U_o(mV)	A_V(A_{Vf})
开环	∞	1		
	5.1 kΩ	1		
闭环	∞	1		
	5.1 kΩ	1		

3. 观察负反馈对非线性失真的改善

(1)实验电路改接成基本放大器形式，在输入端加入 $f=1$ kHz 的正弦信号，输出端接示波器，逐渐增大输入信号的幅度，使输出波形开始出现失真，记下此时的波形和输出电压的幅度。

(2)再将实验电路改接成负反馈放大器形式，增大输入信号幅度，使输出电压幅度的大小与 1)相同，比较有负反馈时，输出波形的变化。

4. 测放大电路频率特性

(1)将图 3-4-1 电路先开环，选择 V_i 适当幅度(频率为 1 kHz)，使输出信号在示波器上有满幅正弦波显示。

(2)保持输入信号幅度不变逐步增加频率，直到波形减小为原来的 70%，此时信号频率即为放大电路 f_H。

(3)条件同上，但逐渐减小频率，测得 f_L。

(4)将电路闭环，重复 1~3 步骤，并将结果填入表 3-4-3 中。

表 3-4-3

	f_H(Hz)	f_L(Hz)
开　环		
闭　环		

3.4.6 实验报告要求

(1)将实验值和理论值进行比较,分析误差原因。

(2)根据实验内容,总结电压串联负反馈对放大器性能的影响。

3.5 差动放大器

3.5.1 实验目的

(1)加深对差动放大器性能及特点的理解。

(2)学习差动放大器主要性能指标的测试方法。

3.5.2 实验预习

(1)根据实验电路参数,估算典型差动放大器和具有恒流源的差动放大器的静态工作点及差模电压放大倍数(取 $\beta_1=\beta_2=100$)。

(2)测量静态工作点时,放大器输入端 A、B 与地应如何连接?

(3)实验中怎样获得双端和单端输入差模信号?怎样获得共模信号?画出 A、B 端与信号源之间的连接图。

(4)怎样进行静态调零点?用什么仪表测 U_o?

(5)怎样用交流毫伏表测双端输出电压 U_o?

3.5.3 实验原理

图 3-5-1 是差动放大器的基本结构。它由两个元件参数相同的基本共射放大电路组成。当开关 K 拨向左边时,构成典型的差动放大器。调零电位器 R_P 用来调节 T_1、T_2 管的静态工作点,使得输入信号 $U_i=0$ 时,双端输出电压 $U_o=0$。R_E 为两管共用的发射极电阻,它对差模信号无负反馈作用,因而不影响差模电压放大倍数,但对共模信号有较强的负反馈作用,故可以有效地抑制零漂,稳定静态工作点。

当开关 K 拨向右边时,构成具有恒流源的差动放大器。它用晶体管恒流源代替发射极电阻 R_E,可以进一步提高差动放大器抑制共模信号的能力。

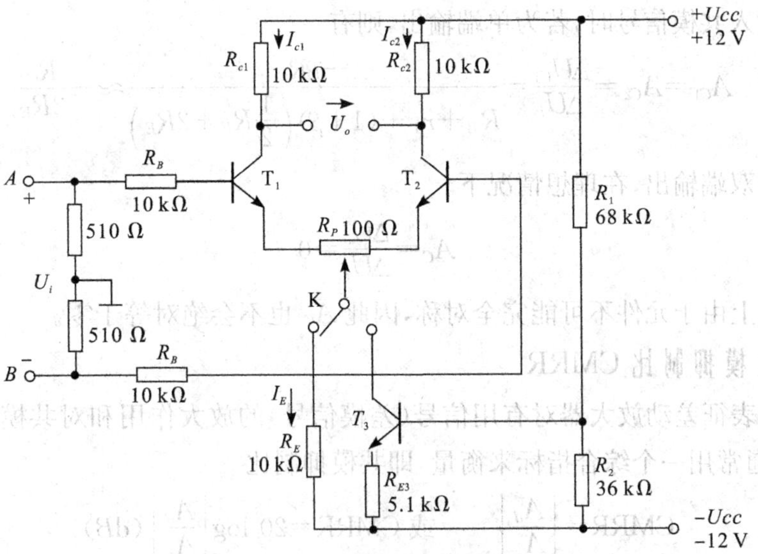

图 3-5-1 差动放大器实验电路

1. 静态工作点的估算

典型电路：

$$I_E \approx \frac{|U_{EE}| - U_{BE}}{R_E} \quad (\text{认为 } U_{B1} = U_{B2} \approx 0)$$

$$I_{C1} = I_{C2} = \frac{1}{2} I_E$$

恒流源电路：

$$I_{C3} \approx I_{E3} \approx \frac{\frac{R_2}{R_1 + R_2}(U_{CC} + |U_{EE}|) - U_{BE}}{R_{E3}}$$

$$I_{C1} = I_{C1} = \frac{1}{2} I_{C3}$$

2. 差模电压放大倍数和共模电压放大倍数

当差动放大器的射极电阻 R_E 足够大，或采用恒流源电路时，差模电压放大倍数 A_d 由输出端方式决定，而与输入方式无关。

双端输出：$R_E = \infty$，R_P 在中心位置时，

$$A_d = \frac{\Delta U_o}{\Delta U_i} = -\frac{\beta R_C}{R_B + r_{be} + \frac{1}{2}(1+\beta) R_P}$$

单端输出：

$$A_{d1} = \frac{\Delta U_{C1}}{\Delta U_i} = \frac{1}{2} A_d$$

$$A_{d2} = \frac{\Delta U_{C2}}{\Delta U_i} = -\frac{1}{2} A_d$$

当输入共模信号时，若为单端输出，则有

$$A_{C1}=A_{C2}=\frac{\Delta U_{C1}}{\Delta U_i}=\frac{-\beta R_C}{R_B+r_{be}+(1+\beta)\left(\frac{1}{2}R_P+2R_E\right)}\approx-\frac{R_C}{2R_E}$$

若为双端输出，在理想情况下

$$A_C=\frac{\Delta U_o}{\Delta U_i}=0$$

实际上由于元件不可能完全对称，因此 A_C 也不会绝对等于零。

3. 共模抑制比 CMRR

为了表征差动放大器对有用信号（差模信号）的放大作用和对共模信号的抑制能力，通常用一个综合指标来衡量，即共模抑制比

$$\text{CMRR}=\left|\frac{A_d}{A_c}\right| \qquad \text{或 CMRR}=20\log\left|\frac{A_d}{A_c}\right|\ (\text{dB})$$

差动放大器的输入信号可采用直流信号也可采用交流信号。本实验由函数信号发生器提供频率 $f=1$ kHz 的正弦信号作为输入信号。

3.5.4 实验设备

序号	名称	型号与规格	数量	备注
1	模拟电子技术实验箱		1	
2	函数信号发生器		1	
3	双踪示波器		1	
4	交流毫伏表		1	
5	万用表		1	

3.5.5 实验内容

1. 典型差动放大器性能测试

按图 3-5-1 连接实验电路，开关 K 拨向左边构成典型差动放大器。

(1)测量静态工作点。

调节放大器零点。

信号源不接入。将放大器输入端 A、B 与地短接，接通±12 V 直流电源，用直流电压表测量输出电压 U_o，调节调零电位器 R_P，使 $U_o=0$。

测量静态工作点。

零点调好以后，用直流电压表测量 T_1、T_2 管各电极电位及射极电阻 R_E 两端电压 U_{RE}，记入表 3-5-1 中。

表 3-5-1

	U_{C1}(V)	U_{B1}(V)	U_{E1}(V)	U_{C2}(V)	U_{B2}(V)	U_{E2}(V)	U_{RE}(V)
测量值							
计算值	I_C(mA)		I_B(mA)		U_{CE}(V)		

(2)测量差模电压放大倍数。

断开直流电源,将函数信号发生器的输出端接放大器输入 A 端,地端接放大器输入 B 端构成单端输入方式,调节输入信号为频率 $f=1$ kHz 的正弦信号,并使输出旋钮旋至零,用示波器监视输出端(集电极 C_1 或 C_2 与地之间)。

接通±12 V 直流电源,逐渐增大输入电压 U_i(约 100 mV),在输出波形无失真的情况下,用交流毫伏表测 U_i、U_{C1}、U_{C2},记入表 3-5-2 中,并观察 u_i,u_{C1},u_{C2}之间的相位关系及 U_{RE}随 U_i 改变而变化的情况。

(3)测量共模电压放大倍数。

将放大器 A、B 短接,信号源接 A 端与地之间,构成共模输入方式,调节输入信号 $f=1$ kHz,$U_i=1$ V,在输出电压无失真的情况下,测量 U_{C1},U_{C2}之值记入表 3-5-2 中,并观察 u_i,u_{C1},u_{C2}之间的相位关系及 U_{RE}随 U_i 改变而变化的情况。

表 3-5-2

	典型差动放大电路		具有恒流源差动放大电路	
	单端输入	共模输入	单端输入	共模输入
U_i	100 mV	1 V	100 mV	1 V
U_{C1}(V)				
U_{C2}(V)				
$A_{d1}=\frac{U_{C1}}{U_i}$		/		/
$A_d=\frac{U_o}{U_i}$		/		/
$A_{C1}=\frac{U_{C1}}{U_i}$	/		/	
$A_C=\frac{U_o}{U_i}$	/		/	
$\mathrm{CMRR}=\left\lvert\frac{A_{d1}}{A_{C1}}\right\rvert$				

2. 具有恒流源的差动放大电路性能测试

将图 3-5-1 电路中开关 K 拨向右边,构成具有恒流源的差动放大电路。重复内容1中(2)和(3)的要求,记入表3-5-2。

3.5.6 实验报告

(1)整理实验数据,列表比较实验结果和理论估算值,分析误差原因。

(2)工作点和差模电压放大倍数;典型差动放大电路单端输出时的CMRR实测值与理论值比较。

(3)差动放大电路单端输出时CMRR的实测值与具有恒流源的差动放大器CMRR实测值比较。

(4)比较 u_i、u_{C1} 和 u_{C2} 之间的相位关系。

(5)根据实验结果,总结电阻 R_E 和恒流源的作用。

3.6 集成运算放大器的基本应用

3.6.1 实验目的

(1)研究由集成运算放大器组成的比例、加法、减法和积分等基本运算电路的功能。

(2)了解运算放大器在实际应用时应考虑的一些问题。

3.6.2 实验预习

(1)复习集成运放线性应用部分内容,并根据实验电路参数计算各电路输出电压的理论值。

(2)为了不损坏集成块,实验中应注意什么问题?

3.6.3 实验原理

集成运算放大器是一种具有高电压放大倍数的直接耦合多级放大电路。当外部接入不同的线性或非线性元器件组成输入和负反馈电路时,可以灵活地实现各种特定的函数关系。在线性应用方面,可组成比例、加法、减法、积分、微分、对数等模拟运算电路。

在大多数情况下,将运放视为理想运放,就是将运放的各项技术指标理想化,满足下列条件的运算放大器称为理想运放。

开环电压增益 $A_{ud}=\infty$

输入阻抗 $r_i=\infty$

输出阻抗 $r_o=0$

带宽　　　　$f_{BW}=\infty$

失调与漂移均为零等。

理想运放在线性应用时的两个重要特性:

(1)输出电压 U_o 与输入电压之间满足关系式

$$U_O=A_{ud}(U_+-U_-)$$

由于 $A_{ud}=\infty$,而 U_o 为有限值,因此,$U_+-U_-\approx 0$。即 $U_+\approx U_-$,称为"虚短"。

(2)由于 $r_i=\infty$,故流进运放两个输入端的电流可视为零,即 $I_{IB}=0$,称为"虚断"。这说明运放对其前级吸取电流极小。

上述两个特性是分析理想运放应用电路的基本原则,可简化运放电路的计算。

1. 基本运算电路

(1)反相比例运算电路。

电路如图 3-6-1 所示。对于理想运放,该电路的输出电压与输入电压之间的关系为

$$U_o=-\frac{R_F}{R_1}U_i$$

为了减小输入级偏置电流引起的运算误差,在同相输入端应接入平衡电阻 $R_2=R_1// R_F$。

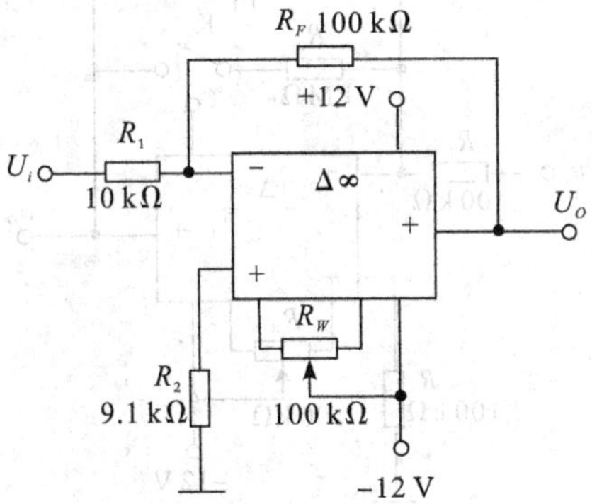

图 3-6-1　反相比例运算电路

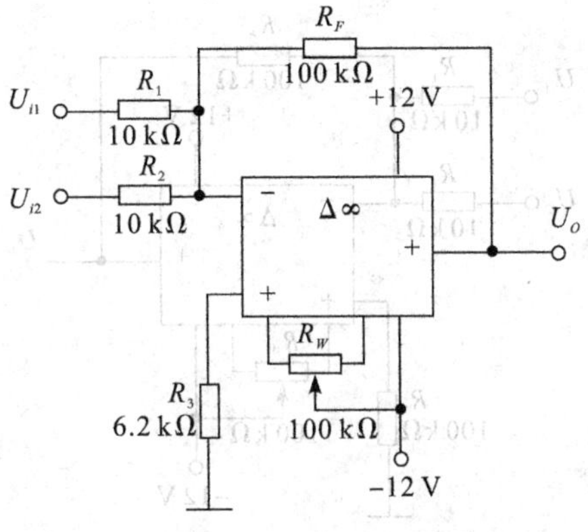

图 3-6-2　反相加法运算电路

(2)反相加法运算电路。

电路如图 3-6-2 所示,输出电压与输入电压之间的关系为

$$U_o=-\left(\frac{R_F}{R_1}U_{i1}+\frac{R_F}{R_2}U_{i2}\right)\qquad R_3=R_1// R_2// R_F$$

(3)同相比例运算电路。

图 3-6-3 是同相比例运算电路,它的输出电压与输入电压之间的关系为

$$U_o=\left(1+\frac{R_F}{R_1}\right)U_i \qquad R_2=R_1//R_F$$

当 $R_1\to\infty$ 时，$U_o=U_i$，即得到如图 3-6-4 所示的电压跟随器。图中 $R_2=R_F$，用以减小漂移和起保护作用。一般 R_F 取 10 kΩ，R_F 太小起不到保护作用，太大则影响跟随性。

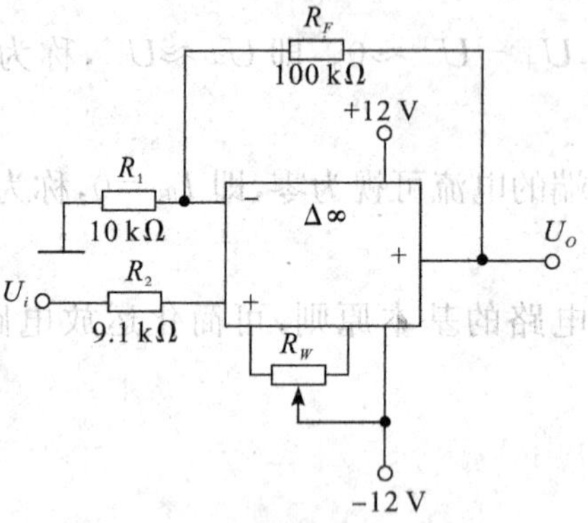

图 3-6-3　同相比例运算电路

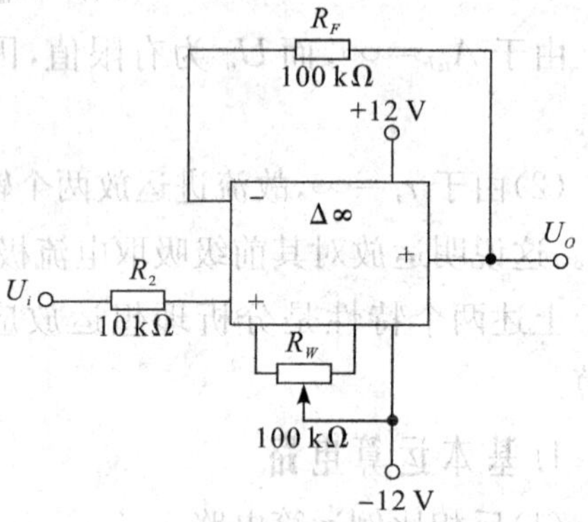

图 3-6-4　电压跟随器

(4)差动放大电路(减法器)。

对于图 3-6-5 所示的减法运算电路，当 $R_1=R_2$，$R_3=R_F$ 时，有如下关系式

$$U_o=\frac{R_F}{R_1}(U_{i2}-U_{i1})$$

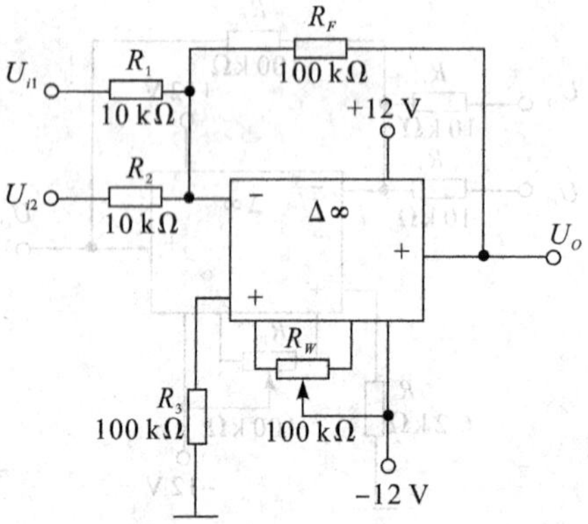

图 3-6-5　减法运算电器

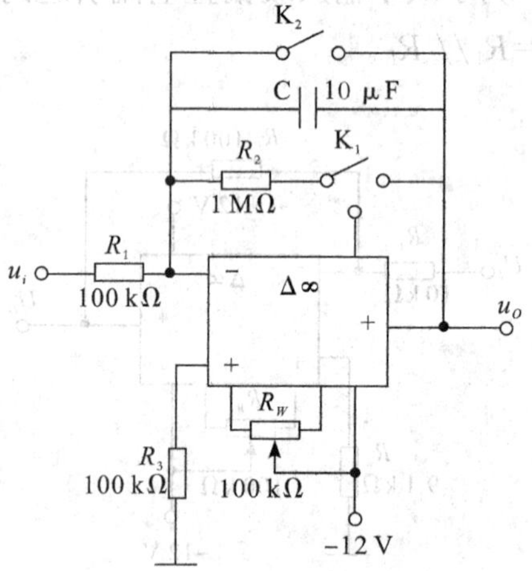

图 3-6-6　积分运算电器

(5)积分运算电路。

反相积分电路如图 3-6-6 所示。在理想条件下，输出电压 u_o 等于

$$u_0(t)=-\frac{1}{R_1C}\int_0^t u_i\,\mathrm{d}t+u_c(o)$$

式中 $u_C(o)$ 是 $t=0$ 时刻电容 C 两端的电压值，即初始值。

如果 $u_i(t)$ 是幅值为 E 的阶跃电压，并设 $u_c(o)=0$，则

$$u_0(t) = -\frac{1}{R_1C}\int_0^t E\mathrm{d}t = -\frac{E}{R1_C}t$$

即输出电压 $u_o(t)$ 随时间增长而线性下降。显然 RC 的数值越大，达到给定的 U_o 值所需的时间就越长。积分输出电压所能达到的最大值受集成运放最大输出范围的限制。

在进行积分运算之前，首先应对运放调零。为了便于调节，将图中 K_1 闭合，即通过电阻 R_2 的负反馈作用帮助实现调零。但在完成调零后，应将 K_1 打开，以免因 R_2 的接入造成积分误差。K_2 的设置一方面为积分电容放电提供通路，同时可实现积分电容初始电压 $u_C(o)=0$，另一方面，可控制积分起始点，即在加入信号 u_i 后，只要 K_2 一打开，电容就将被恒流充电，电路也就开始进行积分运算。

3.6.4 实验设备

序 号	名　称	型号与规格	数 量	备 注
1	模拟电子技术实验箱		1	
2	函数信号发生器		1	
3	双踪示波器		1	
4	交流毫伏表		1	
5	万用表		1	

3.6.5 实验内容

实验前要看清运放组件各管脚的位置；切忌正、负电源极性接反和输出端短路，否则将会损坏集成块。

1. 反相比例运算电路

(1)按图 3-6-1 连接实验电路，接通±12 V 电源，输入端对地短路，进行调零和消振。

(2)输入 $f=100$ Hz，$U_i=0.5$ V 的正弦交流信号，测量相应的 U_o，并用示波器观察 u_o 和 u_i 的相位关系，记入表 3-6-1 中。

表 3-6-1　$U_i=0.5$ V，$f=100$ Hz

U_i(V)	U_o(V)	u_i 波形	u_o 波形	A_V	
				实测值	计算值

2. 同相比例运算电路

(1)按图 3-6-3 连接实验电路。实验步骤同内容 1，将结果记入表 3-6-2。

(2)将图 3-6-4 中的 R_1 断开,得图 3-6-4 电路,重复内容(1)。

表 3-6-2 U_i=0.5 V f=100 Hz

U_i(V)	U_o(V)	u_i 波形	u_0 波形	A_V	
				实测值	计算值
		t	t		

3. 反相加法运算电路

(1)按图 3-6-2 连接实验电路。调零和消振。

(2)输入信号采用直流信号,图 3-6-7 所示电路为简易直流信号源,由实验者自行完成。实验时要注意选择合适的直流信号幅度以确保集成运放工作在线性区。用直流电压表测量输入电压 U_{i1}、U_{i2} 及输出电压 U_O,记入表 3-6-3 中。

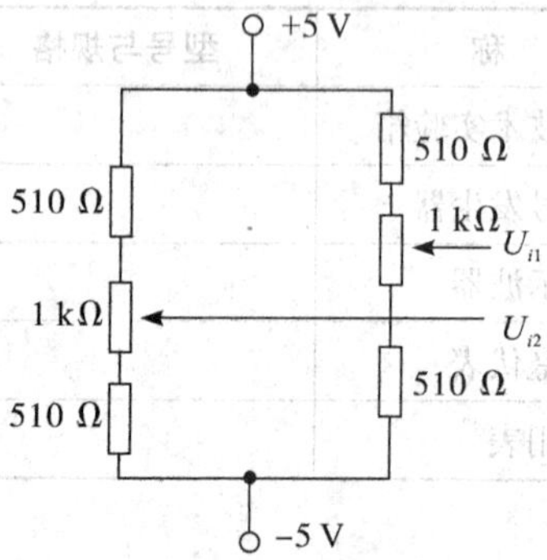

图 3-6-7 简易可调直流信号源

表 3-6-3

U_{i1}(V)					
U_{i2}(V)					
U_o(V)					

4. 减法运算电路

(1)按图 3-6-5 连接实验电路。调零和消振。

(2)采用直流输入信号,实验步骤同内容 3,记入表 3-6-4 中。

表 3-6-4

U_{i1}(V)					
U_{i2}(V)					
U_o(V)					

5. 积分运算电路

实验电路如图 3-6-6 所示。

(1)打开 K_2,闭合 K_1,对运放输出进行调零。

(2)调零完成后,再打开 K_1,闭合 K_2,使 $u_C(o)=0$。

(3)预先调好直流输入电压 $U_i=0.5$ V,接入实验电路,再打开 K_2,然后用直流电压表测量输出电压 U_o,每隔 5 秒读一次 U_o,记入表 3-6-5,直到 U_o 不继续明显增大为止。

表 3-6-5

t(s)	0	5	10	15	20	25	30	……
U_o(V)								

3.6.7 实验报告要求

(1)整理实验数据,画出波形图(注意波形间的相位关系)。

(2)将理论计算结果和实测数据相比较,分析产生误差的原因。

(3)分析讨论实验中出现的现象和问题。

(4)总结实验中各运算电路的特点及性能。

3.6.8 思考题

(1)在反相加法器中,如 U_{i1} 和 U_{i2} 均采用直流信号,并选定 $U_{i2}=-1$ V,当考虑到运算放大器的最大输出幅度(±12 V)时,$|U_{i1}|$的大小不应超过多少伏?

(2)集成电路在调零时为什么要接成闭环?把 R_f 开路调零行不行?

(3)积分电路中,如 $R_1=100$ kΩ,$C=4.7$ μF,求时间常数。

假设 $U_i=0.5$ V,问要使输出电压 U_O 达到 5 V,需多长时间(设 $u_C(o)=0$)?

(4)一个集成运放接入电路并接通电源.发现输入端接地后,输出电压接近正电源的数值,调节调零电传器不起作用,你认为应该如何判断该组件是否已损坏?

3.7 RC 桥式正弦波振荡电路

3.7.1 实验目的

(1)通过实验进一步理解 RC 低频桥式正弦波振荡电路的工作原理。

(2)掌握由信号产生电路的调试和主要性能指标的测试。

3.7.2 实验预习

(1)复习 RC 桥式正弦波振荡电路的工作原理和用示波器测量幅值和频率的方法。

(2)在图 3-7-1 所示的 RC 桥式振荡电路中，负反馈支路中某一元件发生断路，分析此振荡电路能否振荡？若能振荡，其输出信号为何种波形？

(3)设计实验步骤及计算相关参数。

3.7.3 实验原理

RC 低频桥式正弦波振荡电路又称文氏桥振荡电路。它适用于产生频率小于等于 1 MHz 的低频正弦波振荡信号，振幅和频率较稳定，而且频率调节比较方便。许多低频信号发生器其主振器均采用这种电路。

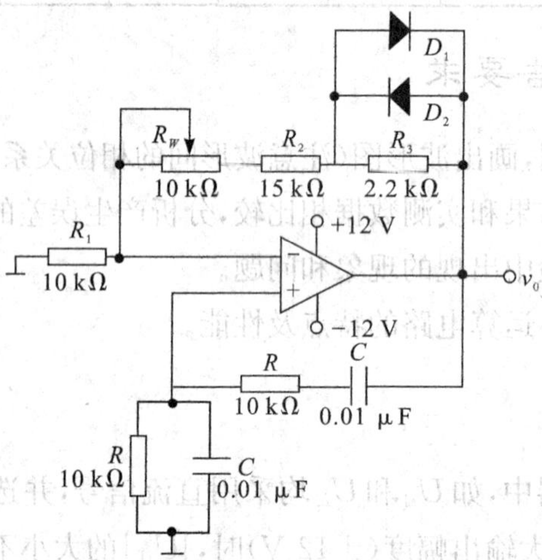

图 3-7-1 *RC* 桥式正弦波振荡电路

图 3-7-1 是典型的 RC 桥式正弦波振荡电路。其中 RC 串、并联电路构成选频网络，同时兼作反馈环节，连接于集成运放的输出端和同相输入端之间，构成正反馈，以产生正弦自激振荡。而 R_1、R_2、R_W 及二极管 D_1、D_2 构成负反馈网络和稳幅环节。调整 R_W 即可改变负反馈的反馈系数，从而调整放大电路的电压增益，使之满足振荡的幅值条件；二极管 D_1、D_2 为自动稳幅元件，其作用原理为：当 V_O 幅值很小时，二极管 D_1、D_2 相当于开路，此时由 D_1、D_2 和 R_3 组成的并联支路等效电阻较大，设 R_2、R_W 和 D_1、D_2、R_3 并联支路总的等效电阻为 R_f，则 R_f 也较大，所以

$$A_{vf}=\left(1+\frac{R_f}{R_1}\right)>3$$

有利于起振；反之，当 V_o 幅值较大时，D_1、D_2 稳定。另外，采用两只二极管反向并联，目的是使输出电压在正、负两个半周期内轮流工作，使正半周和负半周振幅相等。显然，这两只二极管特性应相同，否则正负半周振幅将不同。由图3-7-1可知，当 $w=w_o=1/RC$ 时，经 RC 串并联选频网络反馈到运放的同相输入端的电压与输出电压相位相同，满足自激振荡的相位条件。如果此时负反馈放大电路的增

益 $A_{vf}>3$，则满足 $A_{vf}\cdot F>1$ 的起振条件。电路起振之后，经过放大、选频网络反馈、再放大等过程，使输出电压幅度越来越大，最后受到电路中器件的非线性限制，使振荡幅度自动地稳定下来，放大电路的增益由 $A_{vf}>3$ 过渡到 $A_{vf}=3$，即由 $A_{vf}\cdot F>1$ 过渡到 $A_{vf}\cdot F=1$，从而达到平衡状态。因此，我们得出正弦波振荡器的振荡条件是：相位平衡条件：$\varphi_a+\varphi_f=2n\pi, n=0,1,2,\cdots$。

振幅平衡条件：$A_{vf}\cdot F=1$

RC 串、并联网络的选频特性表明，只有当 $\omega=\omega_o=1/RC$ 时，才能满足振荡的相位平衡条件，即振荡的频率由相位平衡条件决定。

$$f_o=\frac{1}{2\pi RC}$$

电路的起振条件为 $A_{vf}=\left(1+\frac{R_f}{R_1}\right)>3$，调节负反馈的反馈系数可使 A_{vf} 略大于 3，在图 3-7-1 电路中，可通过调节 R_W 完成这一目的。

3.7.4 实验设备

序号	名　称	型号与规格	数量	备注
1	模拟电子技术实验箱		1	
2	函数信号发生器		1	
3	双踪示波器		1	
4	交流毫伏表		1	
5	万用表		1	
6	$\mu A741$、2CP、电阻、电容		若干	

3.7.5 实验内容

1. 正弦波幅值和频率的测量

按图 3-7-1 设计一个实验电路，要求产生接通 ±12 V 电源，调节 R_W，使电路输出正弦信号。观察负反馈强弱（即 A_{vf} 的大小）对输出波形 V_O 的影响。调节 R_W，使输出正弦波形 V_O 幅值最大且不失真的情况下，分别用示波器测出输出电压 V_O 的幅值和振荡频率 f_o，并记录在自行设计的表格中。

2. 二极管稳幅措施的作用研究

D_1、D_2 分别在接入和断开的情况下，调节电位器 R_W，在 V_O 不失真的条件下，记下 R_W 的可调范围，进行比较，分析 D_1、D_2 的作用。

3.7.6 实验报告要求

(1)将实验测得的正弦波振荡器的频率与计算值比较，分析产生误差的原因。

(2)思考:在 RC 桥式振荡电路中,若电路不能起振,应调节哪个参数?如何调?若输出波形失真,应调节哪个参数?如何调?

3.8 有源滤波器

3.8.1 实验目的

(1)了解 RC 有源滤波器的性能特点。

(2)掌握 RC 有源滤波器有关参数的测量方法。

3.8.2 实验预习要求

(1)复习有源低通、高通和带通滤波器的工作原理。

(2)计算二阶有源低通滤波器(图 3-8-1)和二阶有源高通滤波器(图 3-8-2)的截止频率。

3.8.3 实验原理

滤波器是一种能让一定频率范围内的信号通过,同时又能抑制(或急剧衰减)其他频率的信号的电子装置。能够通过的信号频率范围定义为通带;阻止信号通过的频率范围定义为阻带。在工程上,滤波器常用于信号处理、数据传输和抑制干扰等方面。由有源器件(晶体管或集成运放)和电阻、电容构成的滤波器称为 RC 有源滤波器。滤波器分为一阶、二阶和高阶滤波器。阶数越高,其幅频特性越接近于理想特性,滤波器的性能就越好。但因受到集成运算放大器频带限制,目前有源滤波器的最高工作频率只能达到 1 MHz 左右,主要用于低频范围。根据滤波器的通带和阻带位置的不同,滤波器可分为低通、高通、带通和带阻四种滤波器。它们的幅频特性如图 3-8-1 所示。本实验主要研究二阶有源低通、高通滤波器。

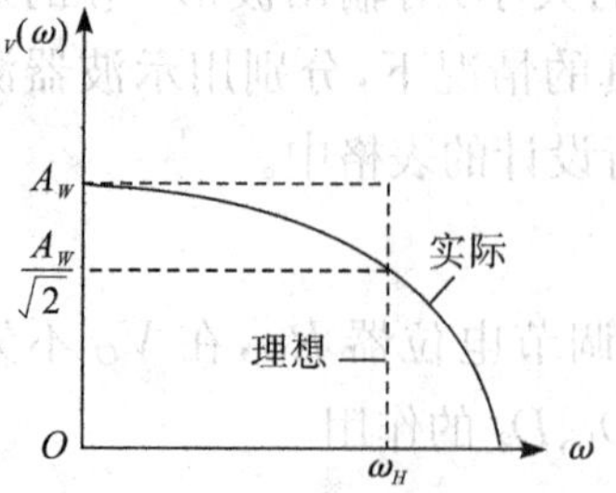

(a) 低通

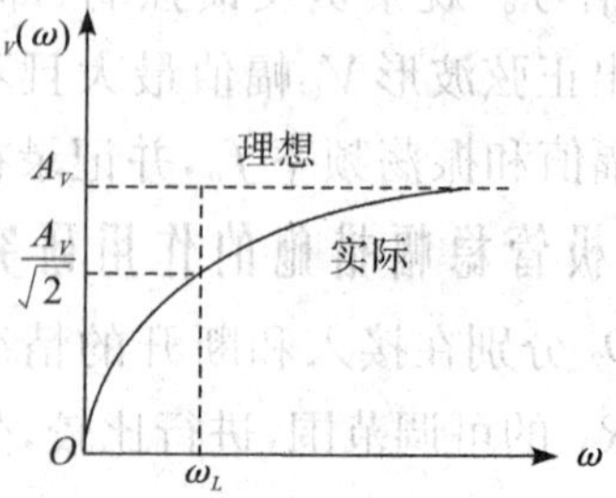

(b) 高通

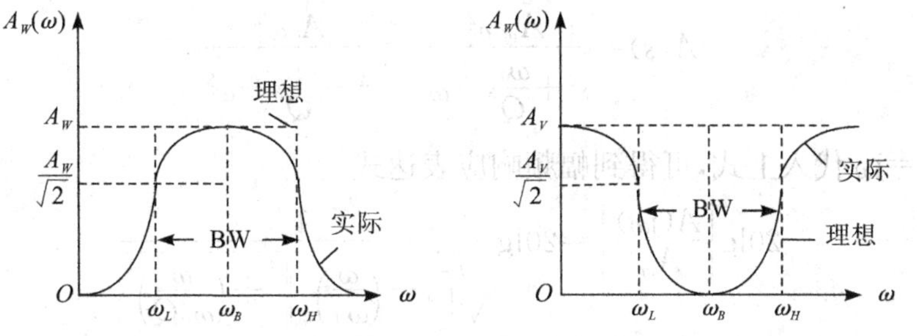

（c）带通　　（d）带阻

图 3-8-1　滤波器的幅频特性

1. 二阶有源低通滤波器(LPF)

低通滤波器是一种用来传输低频段信号，抑制高频段信号的电路。当信号的频率高于某一特定的截止频率 f_H 时，通过该电路的信号会被衰减(或被阻止)，而频率低于 f_H 的信号则能够畅通无阻的通过该滤波器。通带与阻带之间的分界点就是截止频率 f_H。A_O 为通带内的电压放大倍数，称为通带电压增益。当输入信号的频率由小到大增加到使滤波器的电压放大倍数等于0.707A_O 时，所对应的频率称为截止频率 f_H。图 3-8-2 是压控电压源(VCVS)有源二阶低通滤波器电路。它是由两节 RC 滤波电路和同相比例放大电路组成。信号从运放的同相端输入，故滤波器的输入阻抗很大，输出阻抗很小，运放 A 和 R_1、R_f 组成电压控制的电压源，因此称为压控电压源 LPF。该电路性能较稳定，增益容易调节。

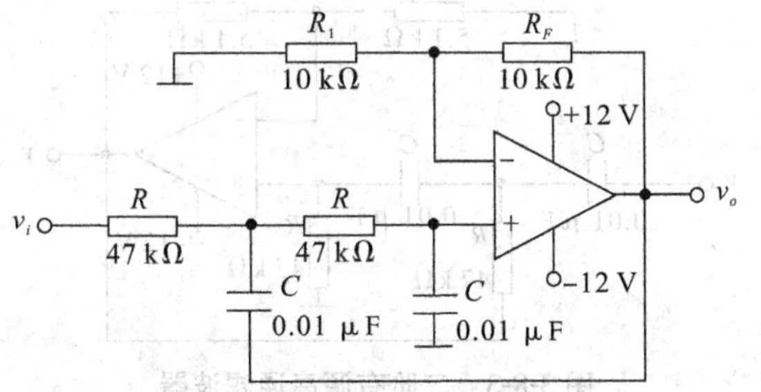

图 3-8-2　二阶有源低通滤波器

图 3-8-2 中同相比例放大电路的电压增益就是低通滤波器的通带电压增益 A_O，即

$$A_O = A_{vf} = \left(1 + \frac{R_f}{R_1}\right)$$

这种滤波器的传递函数为：

$$A(s) = \frac{V_O(s)}{V_i(s)} = \frac{A_{vf}}{1 + (3 - A_{vf})sCR + (sCR)^2}$$

令 $\omega_0 = \frac{1}{RC}$，称为特征角频率；$Q = \frac{1}{3 - A_{vf}}$ 称为等效品质因数；则

$$A(s)=\frac{A_{vf}\omega_0^2}{s^2+\frac{\omega_0}{Q}s+\omega_0^2}=\frac{A_0\omega_0^2}{s^2+\frac{\omega_0}{Q}s+\omega_0^2}$$

用 $s=j\omega$ 代入上式，可得到幅频响应表达式

$$20\lg\left|\frac{A(j\omega)}{A_{vf}}\right|=20\lg\frac{1}{\sqrt{\left[1-\left(\frac{\omega}{\omega_0}\right)^2\right]^2+\left(\frac{\omega}{\omega_0 Q}\right)^2}}$$

上式中的特征角频率 $\omega_0=\frac{1}{RC}$ 就是 3dB 截止频率。因此，上限截止频率为

$$f_H=\frac{1}{2\pi RC}$$

当等效品质因数 $Q=0.707$ 时，这种滤波器称为巴特沃斯滤波器。此时通带幅频特性最平坦，且电路工作时较稳定。当 $f<f_H$ 时，具有最平幅度响应；当 $f>f_H$ 时，幅频特性以 -40 dB/十倍频的速率衰减，这表明二阶比一阶低通滤波电路的滤波效果好得多。

2. 二阶有源高通滤波器

高通滤波器是一种用来传输高频段信号，抑制或衰减低频段信号的电路。滤波器的阶数越高，幅频特性越接近理想高通特性。如果将图 3-8-2 中的电阻 R 和电容 C 位置互换，就可得到压控电压源（VCVS）有源二阶高通滤波器电路，如图 3-8-3 所示。

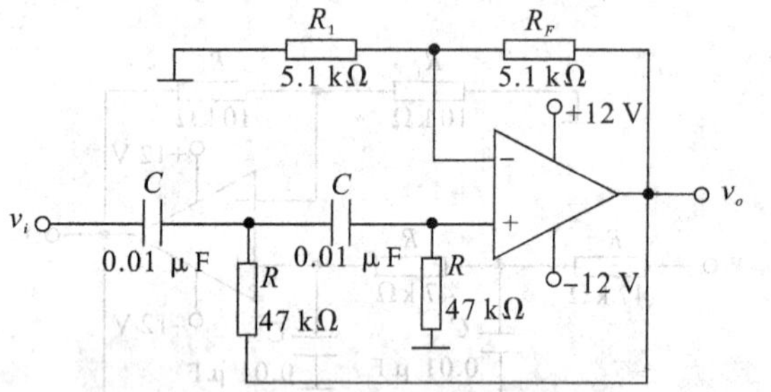

图 3-8-3 二阶有源高通滤波器

二阶高通滤波器电路的传递函数为：

$$A(s)=\frac{V_o(s)}{V_i(s)}=\frac{A_{vf}}{1+(3-A_{vf})\frac{1}{sCR}+\left(\frac{1}{sCR}\right)^2}$$

令 $\omega_0=\frac{1}{RC}$，和 $Q=\frac{1}{3-A_{vf}}$，

则 $A(s)=\frac{A_{vf}\omega_0^2}{s^2+\frac{\omega_0}{Q}s+\omega_0^2}=\frac{A_0\omega_0^2}{s^2+\frac{\omega_0}{Q}s+\omega_0^2}$

用 $s=j\omega$ 代入上式，可得到幅频响应表达式

$$20\lg\left|\frac{A(j\omega)}{A_{vf}}\right|=20\lg\frac{1}{\sqrt{\left[\left(\frac{\omega}{\omega_0}\right)^2-1\right]^2+\left(\frac{\omega_0}{Q\omega}\right)^2}}$$

其下限截止频率为：

$$f_L=\frac{1}{2\pi RC}$$

3.8.4 实验内容

1. 二阶低通滤波器的安装与测试

参照图 3-8-3 电路连接实验电路。计算上限截止频率 f_H、通带电压放大倍数 A_O 和等效品质因数Q 的值。接通±12 V 电源，将函数信号发生器输出端接二阶低通滤波器的输入端。调节函数信号发生器，使其输出 V_i=0.1 V 的正弦波，由低到高改变输入信号的频率多次(注意：保持 V_i=0.1 V 不变)，用交流毫伏表测量输出电压 V_O 和截止频率 f_H 记入表 3-8-1 中；根据测量值，画出幅频特性曲线，并将测量结果与理论值相比较。

表 3-8-1 二阶低通滤波器的测试

f(Hz)	100	120	140	160	180	200	220	240	260	280	300	320	340	360	380	400
V_O(V)																
f_H(Hz)	计算值								测量值							

2. 二阶高通滤波器的安装与测试

参照图 3-8-4 电路安装二阶高通滤波器。计算下限截止频率 f_L、通带电压放大倍数 A_O 和等效品质因数Q 的值。接通±12 V 电源，将函数信号发生器输出端接二阶低通滤波器的输入端。调节函数信号发生器，使其输出 V_i=0.1 V 的正弦波，由低到高改变输入信号的频率(注意：保持 V_i=0.1 V 不变)，测量输出电压 V_O 和截止频率 f_L，记入表 3-8-2 中；根据测量值，画出幅频特性曲线，并将测量结果与理论值相比较。

表 3-8-2 二阶高通滤波器的测试

f(Hz)	400	380	360	340	320	300	280	260	240	220	200	180	160	140	120	100
V_O(V)																
f_L(Hz)	计算值								测量值							

3.8.5 实验报告要求

(1)记录实验结果,计算通带电压放大倍数 A_o 和等效品质因数 Q,并根据实验所得数据,用逐点法画出各电路实测的幅频特性。

(2)总结二阶有源滤波电路的特性。

第 4 章　数字电子技术实验

4.1　门电路的功能测试

4.1.1　实验目的

(1)熟悉数字电路实验装置的结构,基本功能和使用方法。

(2)掌握 TTL 集成与非门的逻辑功能和主要参数的测试方法。

(3)掌握 TTL 器件的使用规则。

4.1.2　实验预习要求

(1)预习各种门电路的逻辑功能及其参数的意义。

(2)预习集成电路的使用和测试方法。

4.1.3　基本原理

1. 各种门电路的逻辑功能

A	*B*	*Y*
0	0	0
0	1	0
1	0	0
1	1	1

与门真值表

A	*B*	*Y*
0	0	0
0	1	1
1	0	1
1	1	1

或门真值表

A	*Y*
0	1
1	0

非门真值表

A	*B*	*Y*
0	0	1
0	1	1
1	0	1
1	1	0

与非门真值表

A	B	Y
0	0	1
0	1	0
1	0	0
1	1	0

或非门真值表

A	B	Y
0	0	0
0	1	1
1	0	1
1	1	0

异或门真值表

2. 从制作、组成上分为分立元件门电路、集成门电路

(1)分立元件门电路。它是由一些独立的二极管、三极管、电阻、导线等器件连接而成的线路，能实现一定的功能。(这种电路体积大)特点是电路中的各元件都是独立封装的。

(2)集成门电路(半导体)。是把各元器件利用半导体工艺制作在一片小小的硅片上的电子线路。整个电路封装在一个外壳中。

(3)集成电路有半导体集成电路、膜集成电路、混合集成电路(从制作工艺上分)。

(4)TTL 电路(双极型)和 CMOS 电路(单极型)(从导电类型上分)

TTL 电路特点：驱动能力强，功耗大，工作电源为 5 V；当输入端悬空时，输入为“1”态。(当输入端是高电平时可以悬空处理，仅适用于小规模集成电路，大规模集成电路输入端悬空时易受到干扰。)

CMOS 电路特点：功耗小，驱动能力较小，工作电源为 3～18 V，输入端不允许悬空。

在实验中用到的芯片是 TTL 和 CMOS 电路，所以用 5 V 的工作电源可以满足。

芯片管脚号码排列：芯片型号上的字头朝上，一般左边有个半圆形的缺口，缺口下面的管脚为 1 号管脚，沿着逆时针方向，依次为 2、3、4、…，如果是 14 管脚的芯片，下面一排管脚依次为 1～7 号(从左往右)，上面一排依次为 8～14 号(从右往左)，如图 4-1-1 所示。

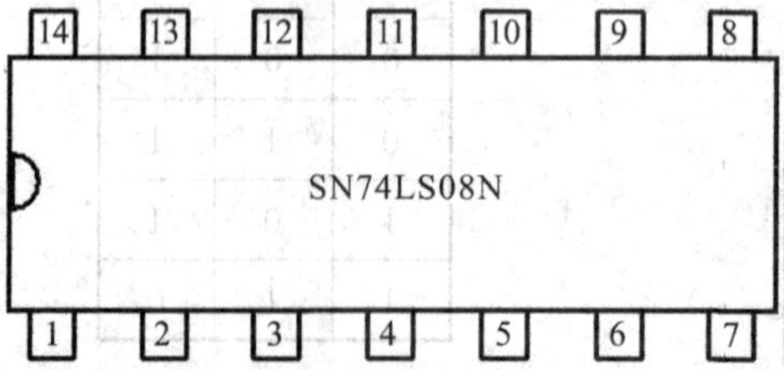

图 4-1-1 芯片管脚图

型号命名规则(国内外常采用)：

例如,SN74LS08N

SN——公司的字头(SN 美国得克萨斯公司,MC 美国摩托罗拉公司,DM 美国国家半导体公司,HD 日本日立公司)。

74——工作温度范围(74 民用 0～＋70℃,54 军用－55～＋120℃)。

LS——系列(LS 低功耗肖特基系列,是 TTL 电路,HC 高速 COMS 电路,空白为标准系列)。

08——品种代号(08 表示两输入的与门)。

N——封装形式(N 塑料双列直插,P 黑瓷双列直插,J 陶瓷双列直插)。

4.1.4 实验仪器与器材

序号	名　称	型号与规格	数 量	备　注
1	数电实验箱		1	
2	双踪示波器		1	
3	万用表		1	
4	74LS00、74LS08、74LS86、74LS32		各 1	

4.1.5 实验内容和步骤

1. 基本门电路(74LS00/86/08/32)逻辑功能测试

将 74LS00/86/08/32 插入空集成电路插座上。器件的插入方法一般是将有标记(凹槽)的一侧插在左边,无标记的一侧插在右边。逻辑开关接与非门输入,输出端接发光二极管,灯亮为 1,灯不亮为 0。以下均与此相同。验证 74LS00 的逻辑功能 $Y=\overline{AB}$,并用万用表测量高、低电平,将结果填入下表 4-1-1 中:

表 4-1-1　逻辑功能表

输入 *A*　*B*	输出 *Y* 74LS00	输出 *Y* 74LS08	输出 *Y* 74LS32	输出 *Y* 74LS86
0　0				
0　1				
1　0				
1　1				
逻辑表达式				
逻辑功能				

2. 用与非门组成其他逻辑门电路，并验证其逻辑功能

(1)组成非门电路。

由与非的运算法则可得，只要将与非门的输入端短接作为一个输入端即可。

①非门及其逻辑功能验证的实验原理图画在表 4-1-2 中，按原理图连线，检查无误后接通电源。

②输入端 A、B 为表 4-1-2 的情况时，分别测出输出端 Y 的电压或用 LED 发光管监视其逻辑状态，并将结果记录表中，测试完毕后断开电源。

表 4-1-2　用与非门组成非门电路实验数据

逻辑功能测试实验原理图	输入	输出	
	A	电	逻

(2)组成与门电路。

由与门的逻辑表达式 $Z=A\cdot B=\overline{\overline{A\cdot B}}$ 得知，可以用两个与非门组成与门，其中一个与非门用作反相器。

①与门及其逻辑功能验证的实验原理图画在表 4-1-3 中，按原理图连线，检查无误后接通电源。

②输入端 A、B 为表 4-1-3 的情况时，分别测出输出端 Y 的电压或用 LED 发光管监视其逻辑状态，并将结果记录表中，测试完毕后断开电源。

表 4-1-3　用与非门组成与门电路实验数据

逻辑功能测试实验原理图	输入		输出 Y	
	A	B	电压	逻辑值

(3)组成或门电路。

根据 De. Morgan 定理，或门的逻辑函数表达式 $Z=A+B$ 可以写成 $Z=\overline{\overline{A}\cdot\overline{B}}$，因此，可以用三个与非门组成或门。

①或门及其逻辑功能验证的实验原理图画在表 4-1-4 中，按原理图连线，检查无误后接通电源。

表 4-1-4 用与非门组成或门电路实验数据

逻辑功能测试实验原理图	输入		输出 Y	
	A	B	电压	逻辑值

②输入端 A、B 为表 4-1-4 的情况时，分别测出输出端 Y 的电压或用 LED 发光管监视其逻辑状态，并将结果记录表中，测试完毕后断开电源。

4.1.6 实验报告要求

(1)按各步骤要求填表并画逻辑图。

(2)收获和体会。

4.2 组合逻辑电路的设计与测试

4.2.1 实验目的

(1)掌握组合逻辑电路设计和功能测试的基本方法。

(2)学会简单故障的检测方法。

4.2.2 实验预习

(1)预习组合逻辑设计的一般步骤。

(2)根据实验内容设计电路，并拟定实验方法。

4.2.3 实验原理

组合逻辑电路的特点就是任何时刻的输出信号(状态)仅取决于时刻的输入信号(状态)，而与信号作用前的电路状态无关。进行组合逻辑电路分析的一般步骤是：

(1)根据实际电路要求，定义输入逻辑变量和输出逻辑变量。

(2)写出逻辑表达式，利用卡诺图或公式法得出最简逻辑表达式，并根据逻辑表达式列写真值表。

(3)根据真值表总结逻辑功能。

(4)根据逻辑图搭建硬件电路,验证其逻辑功能。

4.2.4 实验仪器与器材

序号	名　称	型号与规格	数量	备　注
1	数电实验箱		1	
2	双踪示波器		1	
3	万用表		1	
4	74LS00、74LS10、74LS86		各 1	

4.2.5 实验内容和步骤

(1)设计一个四人表决电路。某部门对某项议案进行表决,A、B、C、D 四人中 A 是总经理,要求只要两个人同意并且 A 也同意议案就可以通过本次表决。(真值表、逻辑关系式、逻辑图并测试)

(2)设计一个三变量奇偶校验电路。要求 1 的个数为奇数时输出 1,为偶数时输出 0。

4.2.6 实验报告要求

(1)根据设计要求写出设计步骤(真值表、逻辑图、化简过程)。

(2)绘出各实验内容的详细线路图。

4.3 数据选择器和译码器应用电路设计与测试

4.3.1 实验目的

(1)熟悉译码器和数据选择器的使用方法。

(2)掌握译码器与数据选择器的应用。

4.3.2 实验预习

(1)复习组合逻辑电路设计的一般步骤。

(2)预习数据选择器和译码器的工作原理。

(3)熟悉集成芯片的逻辑功能、管脚排列和参数。

4.3.3 实验原理

数据选择器是常用的组合逻辑部件之一。它由组合逻辑电路对数字信号进行控制来完成较复杂的逻辑功能。它有若干个数据输入端 D_0、D_1、…，若干个控制输入端 A_0、A_1，…和一个输出端 Y_0。在控制输入端加上适当的信号，即可从多个输入数据源中将所需的数据信号选择出来，送到输出端。使用时也可以在控制输入端加上一组二进制编码程序的信号，使电路按要求输出一串信号，所以它也是一种可编程序的逻辑部件。

(1)中规模集成芯片 74LS151 为八选一数据选择器，引脚排列如图 4-3-1 所示。其中 D_0-D_7 为数据输入端，$Y(\overline{Y})$为输出端，A_2、A_1、A_0 为地址端，74LS151 的逻辑功能如图 4-3-2 所示。其逻辑表达式为：

$$Y=\overline{A}_2\overline{A}_1\overline{A}_0D_0+\overline{A}_2\overline{A}_1A_0D_1+\overline{A}_2A_1\overline{A}_0D_2+\overline{A}_2A_1A_0D_3+A_2\overline{A}_1\overline{A}_0D_4+A_2\overline{A}_1A_0D_5+A_2A_1\overline{A}_0D_6+A_2A_1A_0D_7$$

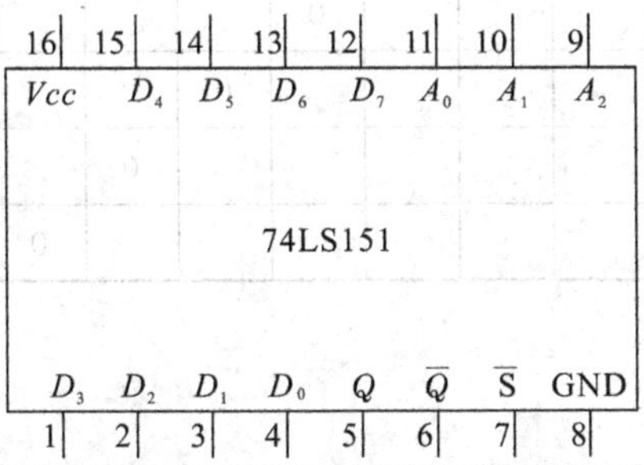

图 4-3-1 74LS151 引脚图

$\overline{G}$	A_2	A_1	A_0	Y	W
1	×	×	×	0	0
0	0	0	0	D_0	$\overline{D}_0$
0	0	0	1	D_1	$\overline{D}_1$
0	0	1	1	D_2	$\overline{D}_2$
0	0	1	1	D_3	$\overline{D}_3$
0	1	1	1	D_4	$\overline{D}_4$
0	1	1	1	D_5	$\overline{D}_5$
0	1	1	1	D_6	$\overline{D}_6$
0	1	1	1	D_7	$\overline{D}_7$

图 4-3-2 74LS151 逻辑功能表

数据选择器是一种通用性很强的中规模集成电路，除了能传递数据外，还可用它设计成数码比较器，变并行码为串行以及组成函数发生器。本实验内容为用数据选择器设计函数发生器。

(2)74LS138 是目前常用的三线—八线译码器(变量译码器)，它有三根输入线，可以输入三位二进制数码，共有八种状态组合，即可译 8 个输出信号用译码器也可以产生任意组合的逻辑函数，因而用译码器构成函数发生器方法简便。

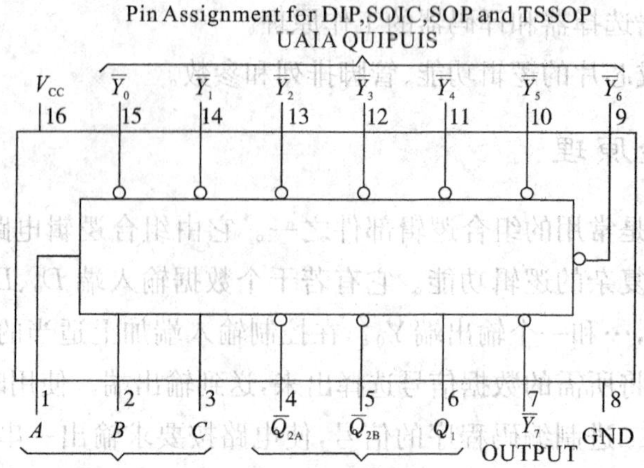

图 4-3-3 74LS138 引脚图

表 4-3-7 74LS138 逻辑功能表

输入变量						输出变量							
$G1$	$\overline{G2A}$	$\overline{G2B}$	A	B	C	$\overline{Y}_0$	$\overline{Y}_1$	$\overline{Y}_2$	$\overline{Y}_3$	$\overline{Y}_4$	$\overline{Y}_5$	$\overline{Y}_6$	$\overline{Y}_7$
1	0	0	0	0	0	0							
1	0	0	0	0	1		0						
1	0	0	0	1	0			0					
1	0	0	0	1	1				0				
1	0	0	1	0	0					0			
1	0	0	1	0	1						0		
1	0	0	1	1	0							0	
1	0	0	1	1	1								0

4.3.3 实验仪器与器材

序号	名 称	型号与规格	数量	备 注
1	数电实验箱		1	
2	双踪示波器		1	
3	万用表		1	
4	74LS138、74LS20、74LS151		各 1	

4.3.4 实验内容和步骤

(1)用 74LS151 设计一个三人投票表决器,三人投票只要两个以上同意就能通过。

(2)三台电动机的工作情况用红、黄两个指示灯进行监视。当一台电动机出故障时,黄灯亮;当两台电动机出故障时,红灯亮;当三台电动机出故障时,红、黄灯都亮,试用 74LS138 译码器和门电路设计此电路。

4.3.5 实验报告要求

(1)复习有关数据选择器和译码器部分内容。

(2)写出详细的电路设计过程。

(3)验证所设计电路是否符合要求。

4.4 触发器功能测试

4.4.1 实验目的

(1)掌握基本 RS、JK、D 和 T 触发器的逻辑功能。

(2)掌握集成触发器的逻辑功能及使用方法。

(3)熟悉触发器之间相互转换的方法。

4.4.2 实验预习

(1)熟悉各种触发器的工作原理、逻辑功能和触发方式。

(2)预习各种触发器之间的功能转换方法。

4.4.3 实验原理

触发器具有两个稳定状态,用以表示逻辑状态"1"和"0",在一定的外界信号作用下,可以从一个稳定状态翻转到另一个稳定状态,它是一个具有记忆功能的二进制信息存贮器件,是构成各种时序电路的最基本逻辑单元。

1. 基本 RS 触发器

图 4-4-1 为由两个与非门交叉耦合构成的基本 RS 触发器,它是无时钟控制低电平直接触发的触发器。基本 RS 触发器具有置"0",置"1"和"保持"三种功能。通常称 $\bar{S}$ 为置"1"端,因为 $\bar{S}=0(\bar{R}=1)$ 时触发器被置"1";$\bar{R}$ 为置"0"端,因为 $\bar{R}=0(\bar{S}=1)$ 时触发器被置"0",当 $\bar{S}=\bar{R}=1$ 时状态保持;$\bar{S}=\bar{R}=0$ 时,触发器状态不定,应避免此种情况发生,表 4-4-1 为基本 RS 触发器的功能表。

基本 RS 触发器也可以用两个"或非门"组成,此时为高电平触发有效。

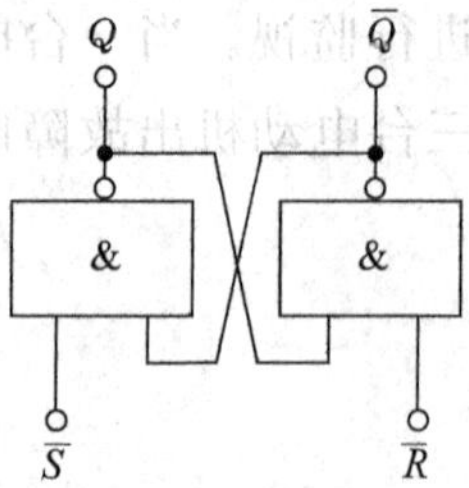

图 4-4-1 基本 RS 触发器

表 4-4-1 基本 RS 触发器

输入		输出	
S	R	Q^{n+1}	$\bar{Q}^{n+1}$
0	1	1	0
1	0	0	1
1	1	Q^n	$\bar{Q}^n$
0	0	φ	φ

2. JK 触发器

在输入信号为双端的情况下，JK 触发器是功能完善、使用灵活和通用性较强的一种触发器。本实验采用 74LS112 双 JK 触发器，它是下降边沿触发的边沿触发器。引脚功能及逻辑符号如图 4-4-2 所示。

JK 触发器的状态方程为　$Q^{n+1}=J\,Q^n+KQ^n$

J 和 K 是数据输入端，是触发器状态更新的依据，若 J、K 有两个或两个以上输入端时，组成“与”的关系。Q 与 $\bar{Q}$ 为两个互补输出端。通常把 $Q=0$、$\bar{Q}=1$ 的状态定为触发器“0”状态；而把 $Q=1$，$\bar{Q}=0$ 定为“1”状态。

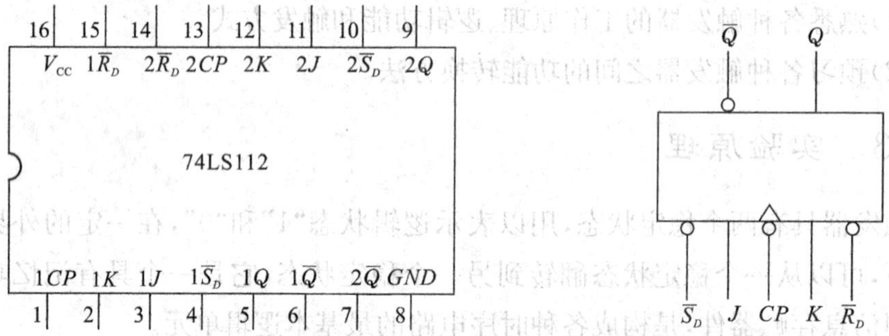

图 4-4-2 74LS112 双 JK 触发器引脚排列及逻辑符号

下降沿触发 JK 触发器的功能如表 4-4-2。

表 4-4-2 74LS112 逻辑功能表

输入					输出	
$\bar{S}_D$	$\bar{R}_D$	CP	J	K	Q^{n+1}	$\bar{Q}^{n+1}$
0	1	×	×	×	1	0
1	0	×	×	×	0	1
0	0	×	×	×	φ	φ
1	1	↓	0	0	Q^n	$\bar{Q}^n$

续表

输入					输出	
$\bar{S}_D$	$\bar{R}_D$	CP	J	K	Q^{n+1}	$\bar{Q}^{n+1}$
1	1	↓	1	0	1	0
1	1	↓	0	1	0	1
1	1	↓	1	1	$\bar{Q}^n$	Q^n
1	1	↑	×	×	Q^n	$\bar{Q}^n$

注：×——任意态　　↓——高到低电平跳变　　↑——低到高电平跳变

$Q^n(\bar{Q}^n)$——现态　　$Q^{n+1}(\bar{Q}^{n+1})$——次态　　φ——不定态

JK 触发器常被用作缓冲存储器，移位寄存器和计数器。

3. D 触发器

在输入信号为单端的情况下，D 触发器用起来最为方便，其状态方程为 $Q^{n+1}=D^n$，其输出状态的更新发生在 CP 脉冲的上升沿，故又称为上升沿触发的边沿触发器，触发器的状态只取决于时钟到来前 D 端的状态，D 触发器的应用很广，可用作数字信号的寄存，移位寄存，分频和波形发生等。有很多种型号可供各种用途的需要而选用。如双 D74LS74、四 D74LS175、六 D74LS174 等。

图 4-4-3 为双 D74LS74 的引脚排列及逻辑符号。功能如表 4-4-3。

表 4-4-3　74LS74 逻辑功能表

输入				输出	
$\bar{S}_D$	$\bar{R}_D$	CP	D	Q^{n+1}	$\bar{Q}^{n+1}$
0	1	×	×	1	0
1	0	×	×	0	1
0	0	×	×	φ	φ
1	1	↑	1	1	0
1	1	↑	0	0	1
1	1	↓	×	Q^n	$\bar{Q}^n$

表 4-4-4　T 触发器逻辑功能表

输入				输出
$\bar{S}_D$	$\bar{R}_D$	CP	T	Q^{n+1}
0	1	×	×	1
1	0	×	×	0
1	1	↓	0	Q^n
1	1	↓	1	$\bar{Q}^n$

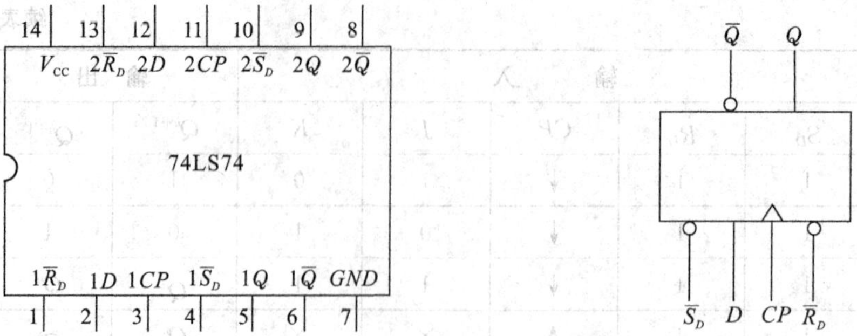

图 4-4-3 74LS74 引脚排列及逻辑符号

4. 触发器之间的相互转换

在集成触发器的产品中,每一种触发器都有自己固定的逻辑功能。但可以利用转换的方法获得具有其他功能的触发器。例如将 JK 触发器的 J、K 两端连在一起,并认它为 T 端,就得到所需的 T 触发器。如图 4-4-4 所示,其状态方程为:

$$Q^{n+1}=TQ^n+TQ^n$$

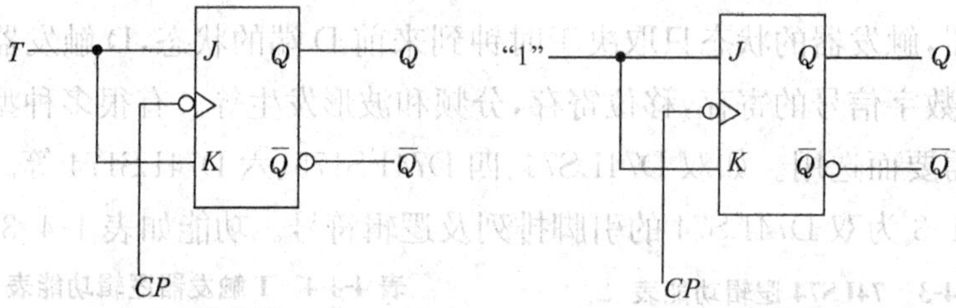

(a) T触发器　　(b) T′触发器

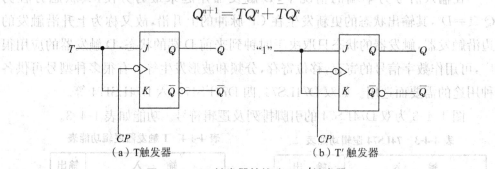

图 4-4-4 JK 触发器转换为 T、T′触发器

T 触发器的功能如表 4-4-4。

由功能表可见,当 T=0 时,时钟脉冲作用后,其状态保持不变;当 $T=1$ 时,时钟脉冲作用后,触发器状态翻转。所以,若将 T 触发器的 T 端置"1",如图 4-4-4(b)所示,即得 T'触发器。在 T'触发器的 CP 端每来一个 CP 脉冲信号,触发器的状态就翻转一次,故称之为反转触发器,广泛用于计数电路中。

同样,若将 D 触发器端与 D 端相连,便转换成 T′触发器。如图 4-4-5 所示。JK 触发器也可转换为 D 触发器,如图 4-4-6 所示。

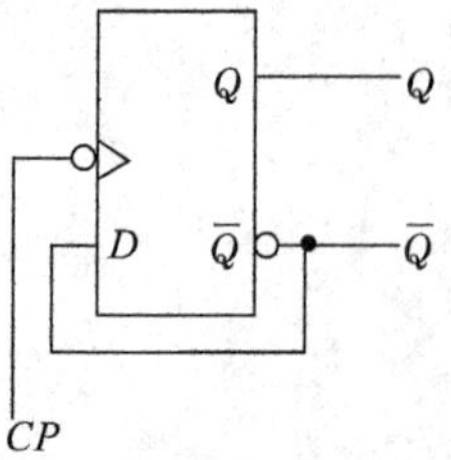

图 4-4-5 D 触发器转成 T′触发器

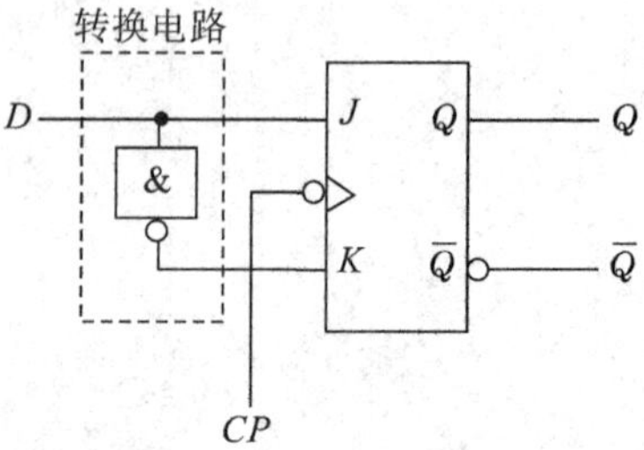

图 4-4-6 JK 触发器转成 D 触发器

5. CMOS 触发器

(1)CMOS 边沿型 D 触发器。

CC4013 是由 CMOS 传输门构成的边沿型 D 触发器。它是上升沿触发的双 D 触发器,表 4-4-5 为其功能表,图 4-4-7 为引脚排列。

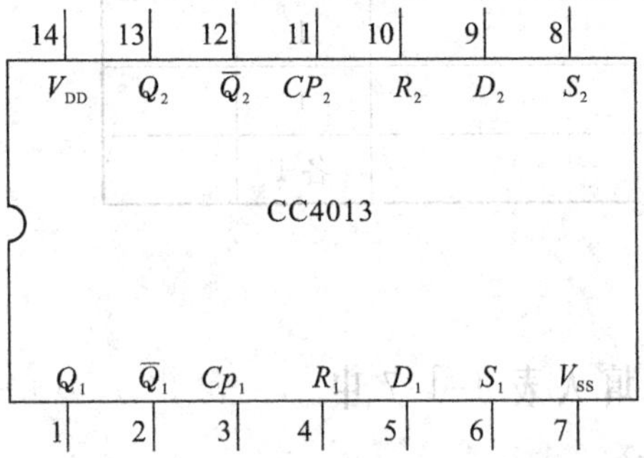

图 4-4-7　上升沿双 D 触发器

表 4-4-5　CC4013 逻辑功能表

输　入				输　出
S	R	CP	D	Q^{n+1}
1	0	×	×	1
0	1	×	×	0
1	1	×	×	φ
0	0	↑	1	1
0	0	↑	0	0
0	0	↓	×	Q^n

(2)CMOS 边沿型 JK 触发器。

CC4027 是由 CMOS 传输门构成的边沿型 JK 触发器,它是上升沿触发的双 JK 触发器,表 4-4-6 为其功能表,图 4-4-8 为引脚排列。

表 4-4-6　CC4027 逻辑功能表

输　入					输　出
S	R	CP	J	K	Q^{n+1}
1	0	×	×	×	1
0	1	×	×	×	0
1	1	×	×	×	φ
0	0	↑	0	0	Q^n
0	0	↑	1	0	1
0	0	↑	0	1	0
0	0	↑	1	1	$\bar{Q}^n$
0	0	↓	×	×	Q^n

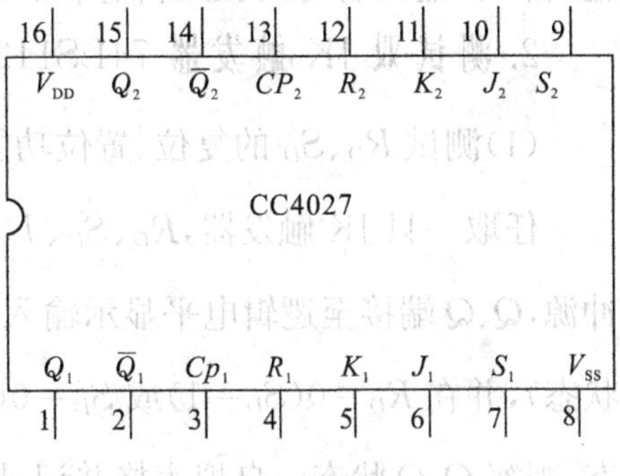

图 4-4-8　上升沿双 J—K 触发器

CMOS 触发器的直接置位、复位输入端 S 和 R 是高电平有效,当 $S=1$(或 $R=1$)时,触发器将不受其他输入端所处状态的影响,使触发器直接接置 1(或置 0)。但直接置位、复位输入端 S 和 R 必须遵守 $R_S=0$ 的约束条件。CMOS 触发器在按逻辑功能工作时,S 和 R 必须均置 0。

4.4.4 实验设备与器件

序号	名 称	型号与规格	数 量	备 注
1	数电实验箱		1	
2	双踪示波器		1	
3	万用表		1	
4	74LS00、74LS112、74LS74		各 1	

4.4.4 实验内容

1. 测试基本 RS 触发器的逻辑功能填入表 4-4-7 中

表 4-4-7

$\bar{R}$	$\bar{S}$	Q	$\bar{Q}$
1	1→0		
	0→1		
1→0	1		
0→1			
0	0		

按图 4-4-1 所示，用两个与非门组成基本 RS 触发器，输入端 R、S 接逻辑开关的输出插口，输出端 Q、$\bar{Q}$ 接逻辑电平显示输入插口，按表 4-4-7 要求测试并记录。

2. 测试双 JK 触发器 74LS112 逻辑功能

(1)测试 $\bar{R}_D$、$\bar{S}_D$ 的复位、置位功能。

任取一只 JK 触发器，$\bar{R}_D$、$\bar{S}_D$、J、K 端接逻辑开关输出插口，CP 端接单次脉冲源，Q、$\bar{Q}$ 端接至逻辑电平显示输入插口。要求改变 $\bar{R}_D$，$\bar{S}_D$（J、K、CP 处于任意状态），并在 $\bar{R}_D=0$（$\bar{S}_D=1$）或 $\bar{S}_D=0$（$\bar{R}_D=1$）作用期间任意改变 J、K 及 CP 的状态，观察 Q、$\bar{Q}$ 状态。自拟表格并记录之。

(2)测试 JK 触发器的逻辑功能。

按表 4-4-8 变 J、K、CP 端状态，观察 Q、$\bar{Q}$ 状态变化，观察触发器状态更新是否发生在 CP 脉冲的下降沿（即 CP 由 1→0）并记录。

(3)将 JK 触发器的 J、K 端连在一起，构成 T 触发器。

在 CP 端输入 1 Hz 连续脉冲，观察 Q 端的变化。

在 CP 端输入 1 kHz 连续脉冲，用双踪示波器观察 CP、Q、$\bar{Q}$ 端波形，注意相位关系并描绘。

表 4-4-8

J	K	CP	Q^{n+1}	
			$Q^n=0$	$Q^n=1$
0	0	0→1		
		1→0		
0	1	0→1		
		1→0		
1	0	0→1		
		1→0		
1	1	0→1		
		1→0		

3. 测试双 *D* 触发器 74LS74 的逻辑功能

(1)测试 $\bar{R}_D$、$\bar{S}_D$ 的复位、置位功能测试方法同实验内容 2(1),自拟表格记录。

(2)测试 D 触发器的逻辑功能

按表 4-4-9 要求进行测试,并观察触发器状态更新是否发生在 *CP* 脉冲的上升沿(即由 0→1)并记录。

表 4-4-9

D	CP	Q^{n+1}	
		$Q^n=0$	$Q^n=1$
0	0→1		
	1→0		
1	0→1		
	1→0		

(3)将 D 触发器的 $\bar{Q}$ 端与 *D* 端相连接,构成 T′触发器。测试方法同实验内容 2(3)并记录。

4. 乒乓球练习电路

电路功能要求:模拟二名运动员在练球时,乒乓球能往返运转。

提示:采用双 D 触发器 74LS74 设计实验线路,两个 *CP* 端触发脉冲分别由两名运动员操作,两触发器的输出状态用逻辑电平显示器显示。

4.4.6 实验报告要求

(1)列表整理各类触发器的逻辑功能。

(2)总结观察到的波形,说明触发器的触发方式。

4.5 计数器功能测试及应用

4.5.1 实验目的

(1)学习用集成触发器构成计数器的方法。

(2)掌握中规模集成计数器的使用及功能测试方法。

4.5.2 实验预习

(1)熟悉时序电路的工作原理。

(2)了解中规模集成电路的工作原理、功能。

(3)了解不同进制计数器的构成方法。

4.5.3 实验原理

计数器是一个用以实现计数功能的时序部件,它不仅可用来计脉冲数,还常用作数字系统的定时、分频和执行数字运算以及其他特定的逻辑功能。

计数器种类很多。按构成计数器中的各触发器是否使用一个时钟脉冲源来分,有同步计数器和异步计数器。根据计数制的不同,分为二进制计数器,十进制计数器和任意进制计数器。根据计数的增减趋势,又分为加法、减法和可逆计数器。还有可预置数和可编程序功能计数器,等等。目前,无论是 TTL 还是 CMOS 集成电路,都有品种较齐全的中规模集成计数器。使用者只要借助于器件手册提供的功能表和工作波形图以及引出端的排列,就能正确地运用这些器件。下面介绍三种常用的计数器。

1. 用 D 触发器构成异步二进制加/减计数器

图 4-5-1 是用四只 D 触发器构成的四位二进制异步加法计数器,它的连接特点是将每只 D 触发器接成 T′触发器,再由低位触发器的 $\bar{Q}$ 端和高一位的 CP 端相连接。

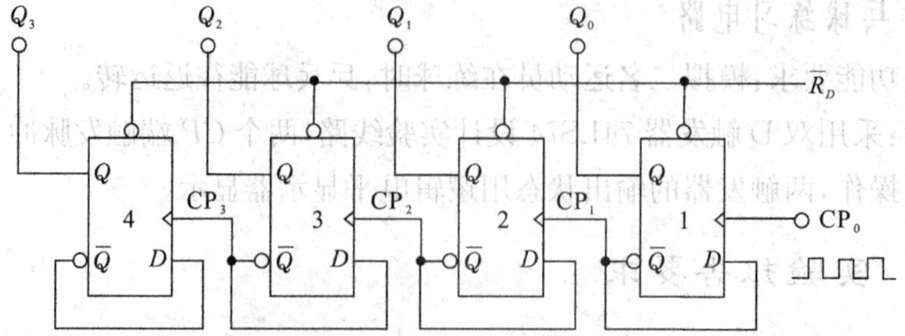

图 4-5-1 四位二进制异步加法计数器

若将图 4-5-1 稍加改动,即将低位触发器的 Q 端与高一位的 CP 端相连接,即构成了一个 4 位二进制减法计数器。

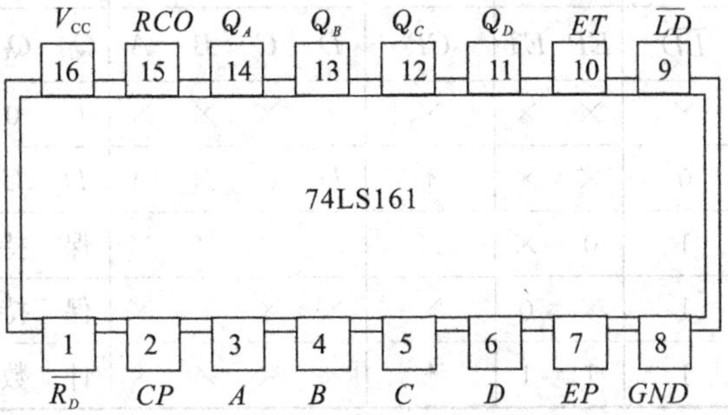

图 4-5-2　74LS161 管脚图

2. 四位二进制同步计数器 74LS161 功能介绍

该计数器外加适当的反馈电路可以构成十六进制以内的任意进制计数器。图 4-5-2 中$\overline{LD}$是预置数控制端,D、C、B、A 是预置数据输入端,$\overline{R_D}$是清零端,EP、ET 是计数器使能控制端,RCO 是进位信号输出端,它的主要功能有。

(1)异步清零功能。

若$\overline{R_D}=0$,则输出 $QDQCQBQA=0000$,与其他输入信号无关,也不需要 CP 脉冲的配合,所以称为"异步清零"。

(2)同步并行置数功能。

在$\overline{R_D}=1$,且$\overline{LD}=0$ 的条件下,当 CP 上升沿到来后,触发器 $QDQCQBQA$ 同时接收 D、C、B、A 输入端的并行数据。由于数据进入计数器需要 CP 脉冲的作用,所以称为"同步置数",由于 4 个触发器同时置入,又称为"并行"。

(3)进位输出 RCO。

在$\overline{R_D}=1$、$\overline{LD}=1$、$EP=1$、$ET=1$ 的条件下,当计数器计数到 1111 时进位 $RCO=1$,其余时候 $RCO=0$。

(4)保持功能。

在$\overline{R_D}=1$,$\overline{LD}=1$ 的条件下,EP、ET 两个使能端只要有一个低电平,计数器将处于数据保持状态,与 CP 及 D、C、B、A 输入无关,EP、ET 区别为 $ET=0$ 时进位输出 $RCO=0$,而 $EP=0$ 时 RCO 不变。注意保持功能优先级低于置数功能。

(5)计数功能。

在$\overline{R_D}=1$、$\overline{LD}=1$、$EP=1$、$ET=1$ 的条件下,计数器对 CP 端输入脉冲进行计数,计数方式为二进制加法,状态变化在 $QDQCQBQA=0000\sim1111$ 间循环。74LS161 的功能表详见表 4-5-1 所示。

表 4-5-1 74LS161 的功能表

清零	预置	使能		时钟	预置数据				输出			
$\overline{R_D}$	$\overline{LD}$	EP	ET	CP	D	C	B	A	Q_D	Q_C	Q_B	Q_A
0	×	×	×	×	×	×	×	×	0	0	0	0
1	0	×	×	↑	D	C	B	A	D	C	B	A
1	1	0	×	×	×	×	×	×	保持			
1	1	×	0	×	×	×	×	×	保持			
1	1	1	1	↑	×	×	×	×	计数			

通过对 74LS161 外加适当的反馈电路构成十六进制以内的各种计数器。用反馈的方法构成其他进制计数器一般有两种形式，即反馈清零法和反馈置数法。以构成十进制计数器为例，十进制计数器计数范围是 0000～1001，计数到 1001 后下一个状态为 0000。

（1）反馈清零法是利用清除端$\overline{R_D}$构成，即：当 $Q_DQ_CQ_BQ_A=1010$（十进制数 10）时，通过反馈线强制计数器清零，如图 4-5-3(a)所示。由于该电路会出现瞬间 1010 状态，会引起译码电路的误动作，因此很少被采用。

（2）反馈置数法是利用预置数端$\overline{LD}$构成，把计数器输入端 $ABCD$ 全部接地，当计数器计到 1001（十进制数 9）时，利用 Q_DQ_A 反馈使预置端$\overline{LD}=0$，则当第十个 CP 到来时，计数器输出端等于输入端电平，即：$Q_D=Q_C=Q_B=Q_A=0$，这样可以克服反馈清零法的缺点，如图 4-5-3 (b)所示。

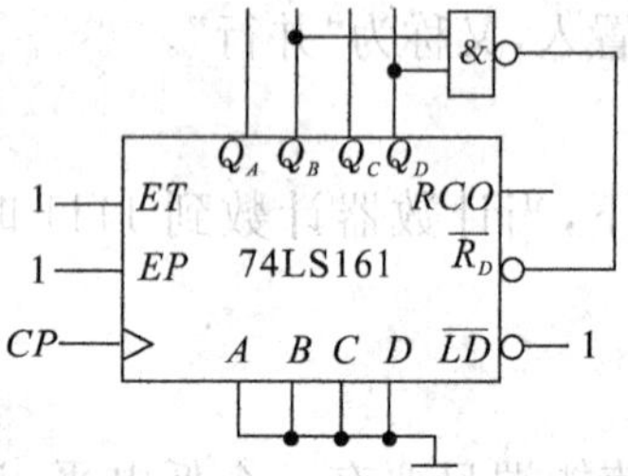

图 4-5-3(a) 反馈清零

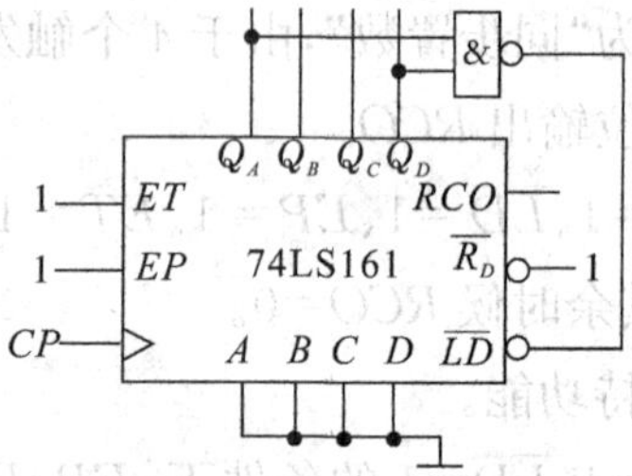

图 4-5-3(b) 反馈置数

多片计数器通过级联构成多位计数器。级联可分串行进位和并行进位两种。

二位十进制串行进位计数器的级联电路如图 4-5-4 所示，其缺点是速度较慢。

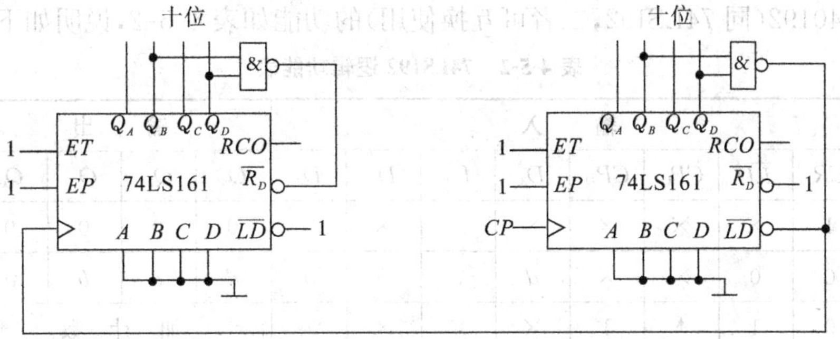

图 4-5-4 串行进位式二位十进制计数器

二位十进制并行进位(也称超前进位)计数器的级联电路如图 4-5-5 所示,后者的进位速度比前者大大提高。

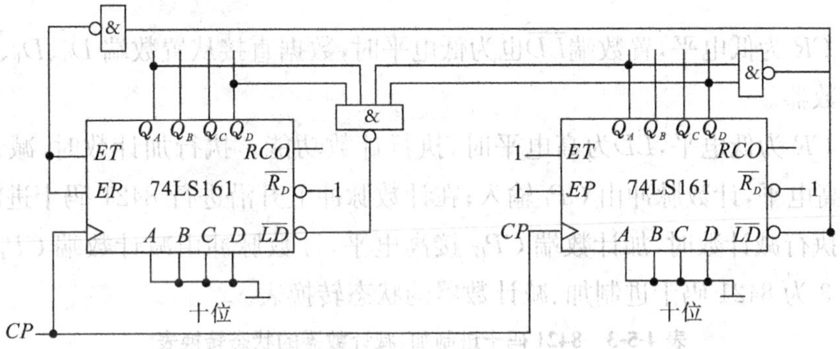

图 4-5-5 并行进位式二位十进制计数器

3. 十进制可逆计数器 74LS192

CC40192 是同步十进制可逆计数器,具有双时钟输入,并具有清除和置数等功能,其引脚排列及逻辑符号如图 4-5-6 所示。

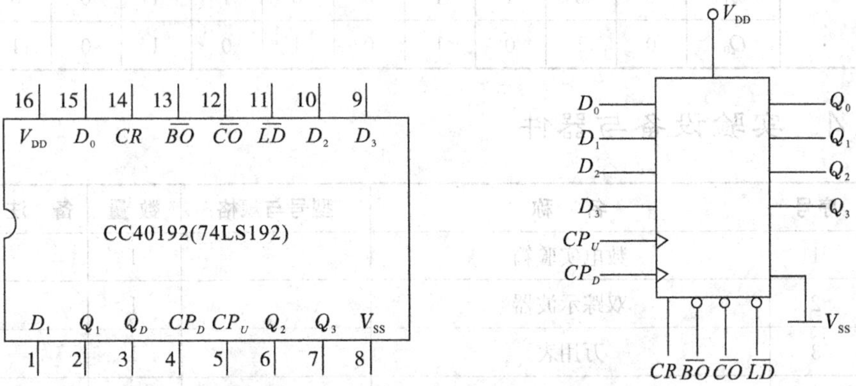

图 4-5-6 CC40192 引脚排列及逻辑符号

图中$\overline{LD}$——置数端,CP_U——加计数端,CP_D——减计数端,

$\overline{CO}$——非同步进位输出端,$\overline{BO}$——非同步借位输出端,

D_0、D_1、D_2、D_3——计数器输入端,

Q_0、Q_1、Q_2、Q_3——数据输出端,CR——清除端。

CC40192(同 74LS192,二者可互换使用)的功能如表 4-5-2,说明如下:

表 4-5-2 74LS192 逻辑功能表

输入								输出			
CR	$\overline{LD}$	CP_U	CP_D	D_3	D_2	D_1	D_0	Q_3	Q_2	Q_1	Q_0
1	×	×	×	×	×	×	×	0	0	0	0
0	0	×	×	d	c	b	a	d	c	b	a
0	1	↑	1	×	×	×	×	加计数			
0	1	1	↑	×	×	×	×	减计数			

当清除端 CR 为高电平“1”时,计数器直接清零;CR 置低电平则执行其他功能。

当 CR 为低电平,置数端$\overline{LD}$也为低电平时,数据直接从置数端 D_0、D_1、D_2、D_3 置入计数器。

当 CR 为低电平,$\overline{LD}$为高电平时,执行计数功能。执行加计数时,减计数端 CP_D接高电平,计数脉冲由 CP_U输入;在计数脉冲上升沿进行 8421 码十进制加法计数。执行减计数时,加计数端 CP_U 接高电平,计数脉冲由减计数端 CP_D输入,表 4-5-3 为 8421 码十进制加、减计数器的状态转换表。

表 4-5-3 8421 码十进制加、减计数器的状态转换表

输入脉冲数		0	1	2	3	4	5	6	7	8	9
输出	Q_3	0	0	0	0	0	0	0	0	1	1
	Q_2	0	0	0	0	1	1	1	1	0	0
	Q_1	0	0	1	1	0	0	1	1	0	0
	Q_0	0	1	0	1	0	1	0	1	0	1

4.5.4 实验设备与器件

序号	名 称	型号与规格	数 量	备 注
1	数电实验箱		1	
2	双踪示波器		1	
3	万用表		1	
4	74LS161、74LS00、74LS74、74LS192		若干	

4.5.5 实验内容

(1)测试 74LS161 的逻辑功能(计数、清零、置数、使能及进位)。CP 选用手动单次脉冲或 1 Hz 脉冲。输出接电平显示或用数码管显示。

(2)设计制作1位十进制定时器。剩余时间用数码管显示，便于使显示时间与实际时间一致，可以用减法计数，计数到0时停止。

(3)测试74LS192逻辑功能。*CP*选用手动单次脉冲或1 Hz脉冲。输出接电平显示或用数码管显示。

(4)用74LS161设计一个六进制计数器，输出接到译码显示电路。时钟选择1 Hz脉冲。观察电路的自动计数过程。

(5)设计制作60进制计数器，要求由两位十进制计数器构成。

4.5.6 实验报告要求

(1)画出实验线路图，记录、整理实验现象及实验所得的有关波形。对实验结果进行分析。

(2)总结使用集成计数器的体会。

4.6 555定时器应用电路的测试

4.6.1 实验目的

(1)熟悉555型集成时基电路结构、工作原理及其特点。

(2)掌握555型集成时基电路的基本应用。

4.6.2 实验预习要求

(1)复习有关555定时器的工作原理及其应用。

(2)拟定实验中所需的数据、表格等。

(3)如何用示波器测定施密特触发器的电压传输特性曲线？

(4)拟定各次实验的步骤和方法。

4.6.3 实验原理

集成时基电路又称为集成定时器或555电路，是一种数字、模拟混合型的中规模集成电路，应用十分广泛。它是一种产生时间延迟和多种脉冲信号的电路，由于内部电压标准使用了三个 5 kΩ 电阻，故取名 555 电路。其电路类型有双极型和 CMOS 型两大类，二者的结构与工作原理类似。几乎所有的双极型产品型号最后的三位数码都是 555 或 556；所有的 CMOS 产品型号最后四位数码都是 7555 或 7556，二者的逻辑功能和引脚排列完全相同，易于互换。555 和 7555 是单定时器。556 和 7556 是双定时器。双极型的电源电压 $V_{CC}=+5\sim+15$ V，输出的最大电流可达 200 mA，CMOS 型的电源电压为 $+3\sim+18$ V。

1. 555 电路的工作原理

555 电路的内部电路方框图如图 4-6-1 所示。它含有两个电压比较器，一个基本 RS 触发器，一个放电开关管 T，比较器的参考电压由三只 5 kΩ 的电阻器构成的分压器提供。它们分别使高电平比较器 A_1 的同相输入端和低电平比较器 A_2 的反相输入端的参考电平为 $\frac{2}{3}V_{CC}$ 和 $\frac{1}{3}V_{CC}$。A_1 与 A_2 的输出端控制 RS 触发器状态和放电管开关状态。当输入信号自 6 脚，即高电平触发输入并超过参考电平 $\frac{2}{3}V_{CC}$ 时，触发器复位，555 的输出端 3 脚输出低电平，同时放电开关管导通；当输入信号自 2 脚输入并低于 $\frac{1}{3}V_{CC}$ 时，触发器置位，555 的 3 脚输出高电平，同时放电开关管截止。

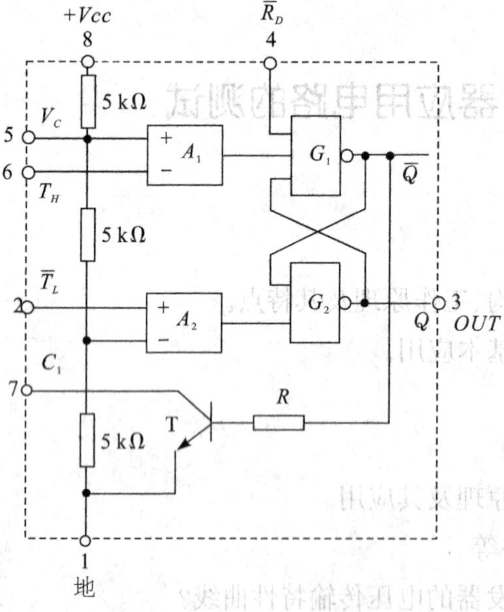

图 4-6-1 (a)　555 定时器内部框图

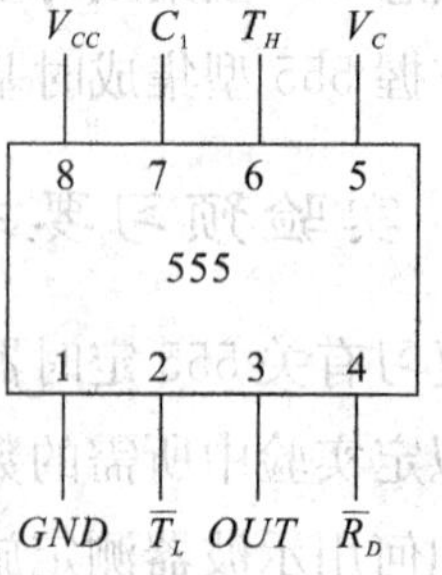

图 4-6-1(b)　555 定时器引脚排列

$\overline{R}_D$ 是复位端(4 脚)，当 $\overline{R}_D=0$，555 输出低电平。平时 $\overline{R}_D$ 端开路或接 V_{CC}。V_C 是控制电压端(5 脚)，平时输出 $\frac{2}{3}V_{CC}$ 作为比较器 A_1 的参考电平，当 5 脚外接一个输入电压，即改变了比较器的参考电平，从而实现对输出的另一种控制，在不接外加电压时，通常接一个 0.01μF 的电容器到地，起滤波作用，以消除外来的干扰，以确保参考电平的稳定。

T 为放电管，当 T 导通时，将给接于脚 7 的电容器提供低阻放电通路。

555 定时器主要是与电阻、电容构成充放电电路，并由两个比较器来检测电容器上的电压，以确定输出电平的高低和放电开关管的通断。这就很方便地构成从微秒到数十分钟的延时电路，可方便地构成单稳态触发器，多谐振荡器，施密特触发器等脉冲产生或波形变换电路。

2. 555 **定时器的典型应用**

(1) 构成单稳态触发器。

图 4-6-2(a)为由 555 定时器和外接定时元件 R、C 构成的单稳态触发器。触发电路由 C_1、R_1、D 构成，其中 D 为钳位二极管，稳态时 555 电路输入端处于电源电平，内部放电开关管 T 导通，输出端 F 输出低电平，当有一个外部负脉冲触发信号经 C_1 加到 2 端，并使 2 端电位瞬时低于 $\frac{1}{3}V_{CC}$ 时，低电平比较器动作，单稳态电路即开始一个暂态过程，电容 C 开始充电，V_C 按指数规律增长。当 V_C 充电到 $\frac{2}{3}V_{CC}$ 时，高电平比较器动作，比较器 A_1 翻转，输出 V_0 从高电平返回低电平，放电开关管 T 重新导通，电容 C 上的电荷很快经放电开关管放电，暂态结束，恢复稳态，为下个触发脉冲的到来做好准备。波形图如图 4-6-2(b)所示。

暂稳态的持续时间 t_w(即为延时时间)决定于外接元件 R、C 值的大小。

$$t_w = 1.1\,RC$$

通过改变 R、C 的大小，可使延时时间在几个微秒到几十分钟之间变化。当这种单稳态电路作为计时器时，可直接驱动小型继电器，并可以使用复位端(4 脚)接地的方法来中止暂态，重新计时。此外尚须用一个续流二极管与继电器线圈并接，以防继电器线圈反电势损坏内部功率管。

(2) 构成多谐振荡器。

如图 4-6-3(a)，由 555 定时器和外接元件 R_1、R_2、C 构成多谐振荡器，脚 2 与脚 6 直接相连。电路没有稳态，仅存在两个暂稳态，电路亦不需要外加触发信号，利用电源通过 R_1、R_2 向 C 充电，以及 C 通过 R_2 向放电端 C_t 放电，使电路产生振荡。电容 C 在 $\frac{1}{3}V_{CC}$ 和 $\frac{2}{3}V_{CC}$ 之间充电和放电，其波形如图 4-6-3(b)所示。输出信号的时间参数是

$$T = t_{w1} + t_{w2}\,,\quad t_{w1} = 0.7(R_1 + R_2)C\,,\quad t_{w2} = 0.7R_2C$$

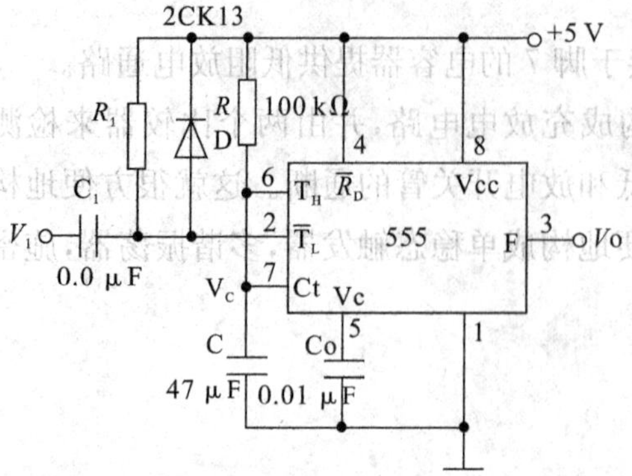

图 4-6-2(a) 单稳态触发器

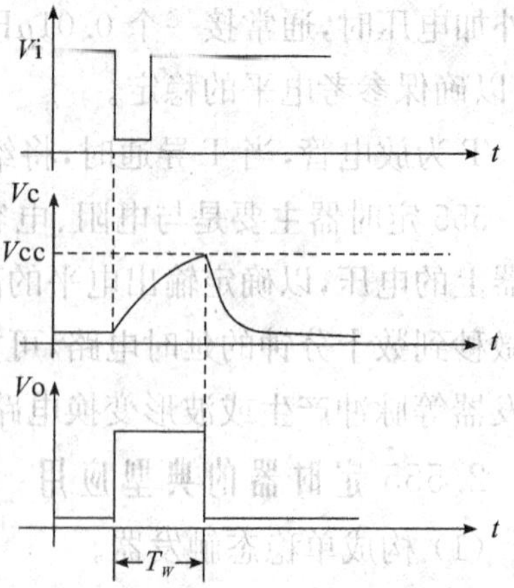

图 4-6-2(b) 波形图

555 电路要求 R_1 与 R_2 均应大于或等于 1 kΩ，但 R_1+R_2 应小于或等于 3.3 MΩ。

外部元件的稳定性决定了多谐振荡器的稳定性，555 定时器配以少量的元件即可获得较高精度的振荡频率和具有较强的功率输出能力。因此这种形式的多谐振荡器应用很广。

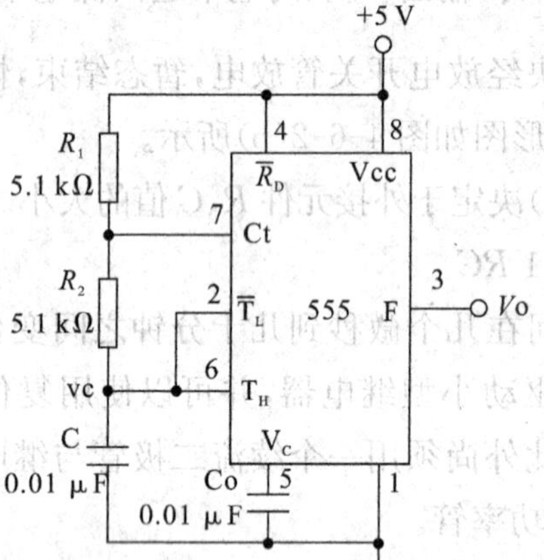

图 4-6-3(a) 多谐振荡器

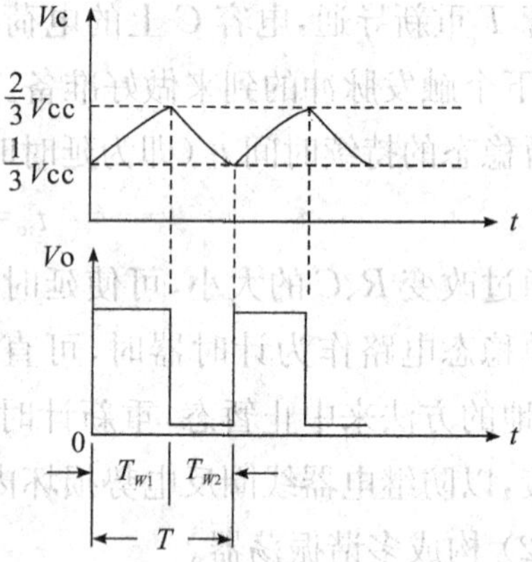

图 4-6-3(b) 波形图

(3)组成占空比可调的多谐振荡器。

电路如图 4-6-4，它比图 4-6-3 所示电路增加了一个电位器和两个导引二极管。D_1、D_2用来决定电容充、放电电流流经电阻的途径(充电时 D_1 导通，D_2 截止；放电时 D_2 导通，D_1 截止)。

$$占空比\quad P=\frac{t_{w1}}{t_{w1}+t_{w2}}\approx\frac{0.7R_AC}{0.7C(R_A+R_B)}=\frac{R_A}{R_A+R_B}$$

可见，若取 $R_A=R_B$ 电路即可输出占空比为 50% 的方波信号。

(4)组成占空比连续可调并能调节振荡频率的多谐振荡器。

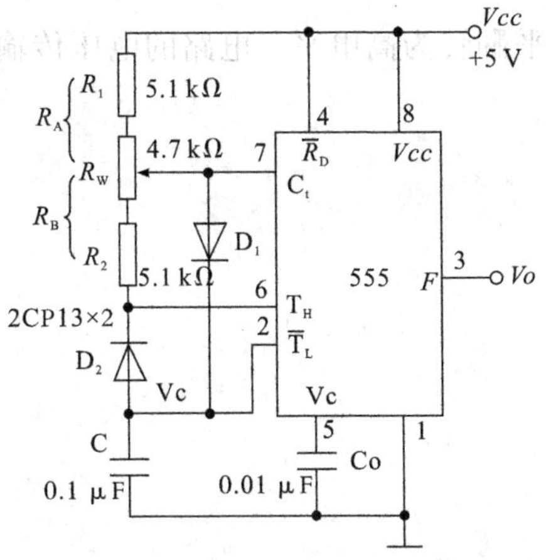

图 4-6-4 占空比可调的多谐振荡器

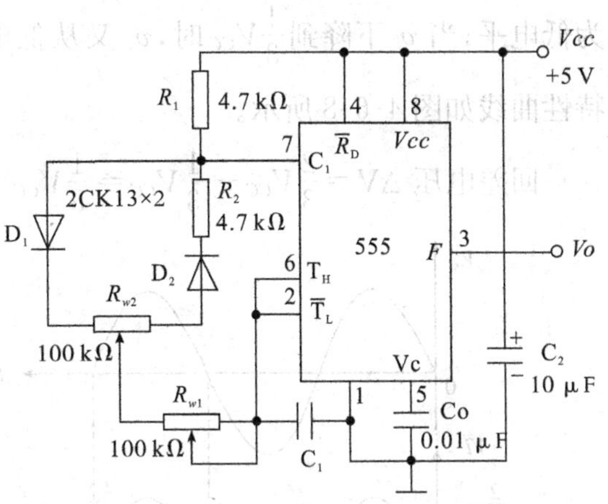

图 4-6-5 占空比与频率均可调的多谐振荡器

电路如图 4-6-5 所示。对 C_1 充电时，充电电流通过 R_1、D_1、R_{W2} 和 R_{W1}；放电时通过 R_{W1}、R_{W2}、D_2、R_2。当 $R_1=R_2$、R_{W2} 调至中心点，因充放电时间基本相等，其占空比约为 50%，此时调节 R_{W1} 仅改变频率，占空比不变。如 R_{W2} 调至偏离中心点，再调节 R_{W1}，不仅振荡频率改变，而且对占空比也有影响。R_{W1} 不变，调节 R_{W2}，仅改变占空比，对频率无影响。因此，当接通电源后，应首先调节 R_{W1} 使频率至规定值，再调节 R_{W2}，以获得需要的占空比。若频率调节的范围比较大，还可以用波段开关改变 C_1 的值。

(5)组成施密特触发器。

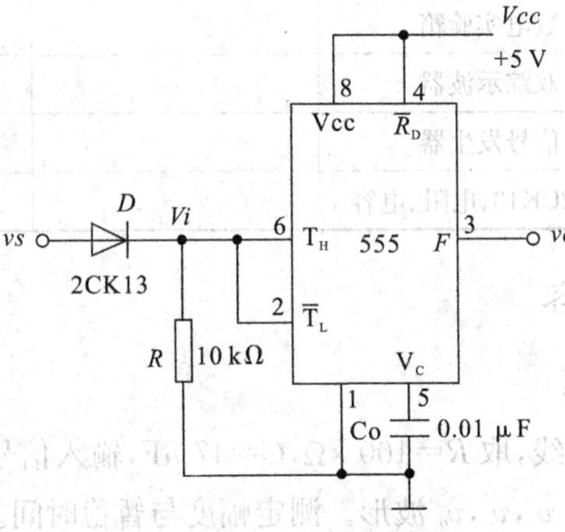

图 4-6-6 施密特触发器

电路如图 4-6-6 所示，只要将脚 2、6 连在一起作为信号输入端，即得到施密特触发器。图 4-6-7 示出了 v_S，v_i 和 v_o 的波形图。

设被整形变换的电压为正弦波 v_s，其正半波通过二极管 D 同时加到 555 定时器的 2 脚和 6 脚，得 v_i 为半波整流波形。当 v_i 上升到 $\frac{2}{3}V_{CC}$ 时，v_o 从高电平翻转为低电平；当 v_i 下降到$\frac{1}{3}V_{CC}$时，v_o 又从低电平翻转为高电平。电路的电压传输特性曲线如图 4-6-8 所示。

回差电压 $\Delta V=\frac{2}{3}V_{CC}-\frac{1}{3}V_{CC}=\frac{1}{3}V_{CC}$

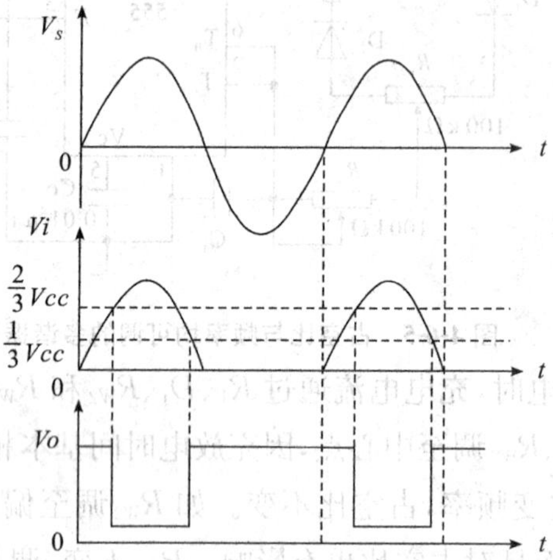

图 4-6-7　波形变换图

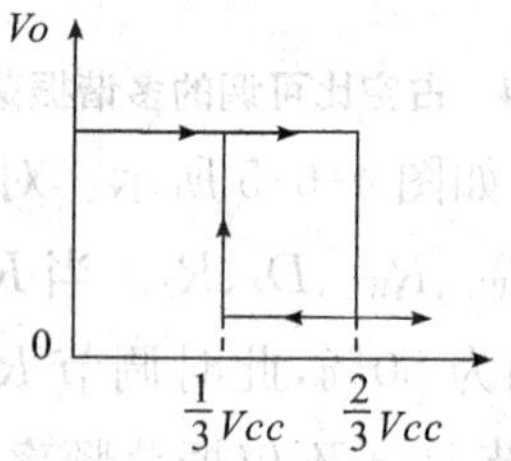

图 4-6-8　电压传输特性

4.6.3　实验设备

序号	名　称	型号与规格	数量	备　注
1	数电实验箱		1	
2	双踪示波器		1	
3	信号发生器		1	
4	555、2CK13、电阻、电容		若干	

4.6.5　实验内容

1. 单稳态触发器

(1)按图 4-6-2 连线，取 $R=100\ \text{k}\Omega$，$C=47\ \mu\text{F}$，输入信号 v_i 由单次脉冲源提供，用双踪示波器观测 v_i，v_c，v_o 波形。测定幅度与暂稳时间。

(2)将 R 改为 $1\ \text{k}\Omega$，C 改为 $0.1\ \mu\text{F}$，输入端加 1 kHz 的连续脉冲，观测波形 v_i，v_c，v_o，测定幅度及暂稳时间。

2. 多谐振荡器

(1) 按图 4-6-3 接线，用双踪示波器观测 v_c 与 v_o 的波形，测定频率。

(2) 按图 4-6-4 接线，组成占空比为 50%的方波信号发生器。观测 v_c，v_o 波形，测定波形参数。

(3) 按图 4-6-5 接线，通过调节 R_{W1} 和 R_{W2} 来观测输出波形。

3. 施密特触发器

按图 4-6-6 接线，输入信号由音频信号源提供，预先调好 v_S 的频率为 1 kHz，接通电源，逐渐加大 v_S 的幅度，观测输出波形，测绘电压传输特性，算出回差电压 ΔU。

4. 模拟声响电路

按图 4-6-9 接线，组成两个多谐振荡器，调节定时元件，使 Ⅰ 输出较低频率，Ⅱ 输出较高频率，连好线，接通电源，试听音响效果。调换外接阻容元件，再试听音响效果。

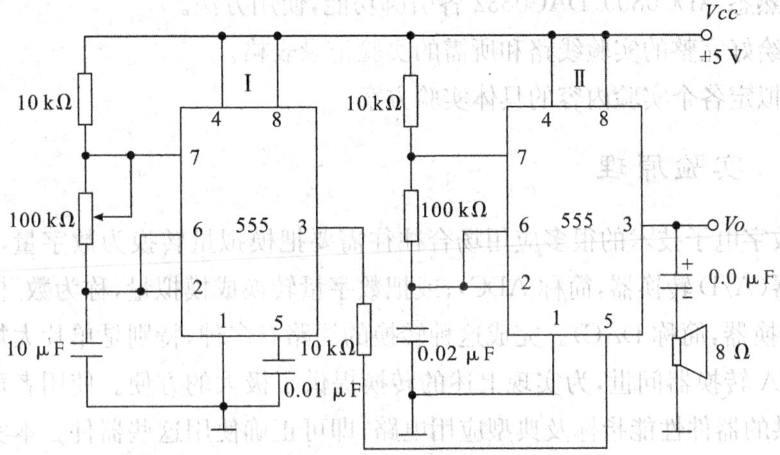

图 4-6-9 模拟声响电路

4.6.6 实验报告要求

(1)绘出详细的实验线路图，定量绘出观测到的波形。

(2)分析、总结实验结果。

4.7 D/A、A/D 转换器

4.7.1 实验目的

(1)熟悉 D/A 和 A/D 转换器的基本工作原理和基本结构。

(2)掌握大规模集成 D/A 和 A/D 转换器的功能及其典型应用。

4.7.2 实验预习要求

(1)熟悉 ADC0809、DAC0832 各引脚功能,使用方法。

(2)绘好完整的实验线路和所需的实验记录表格。

(3)拟定各个实验内容的具体实验方案。

4.7.3 实验原理

在数字电子技术的很多应用场合往往需要把模拟量转换为数字量,称为模/数转换器(A/D 转换器,简称 ADC);或把数字量转换成模拟量,称为数/模转换器(D/A 转换器,简称 DAC)。完成这种转换的线路有多种,特别是单片大规模集成 A/D、D/A 转换器问世,为实现上述的转换提供了极大的方便。使用者可借助于手册提供的器件性能指标及典型应用电路,即可正确使用这些器件。本实验将采用大规模集成电路 DAC0832 实现 D/A 转换,ADC0809 实现 A/D 转换。

1. D/A 转换器 DAC0832

DAC0832 是采用 CMOS 工艺制成的单片电流输出型 8 位数/模转换器。图 4-7-1 是 DAC0832 的逻辑框图及引脚排列。

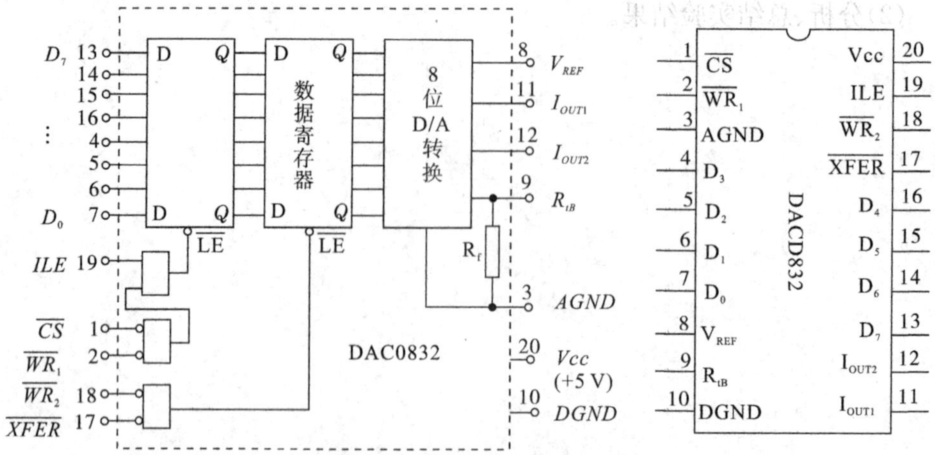

图 4-7-1 DAC0832 单片 D/A 转换器逻辑框图和引脚排列

器件的核心部分采用倒 T 型电阻网络的 8 位 D/A 转换器，如图 4-7-2 所示。它是由倒 T 型 $R-2R$ 电阻网络、模拟开关、运算放大器和参考电压 V_{REF} 四部分组成。

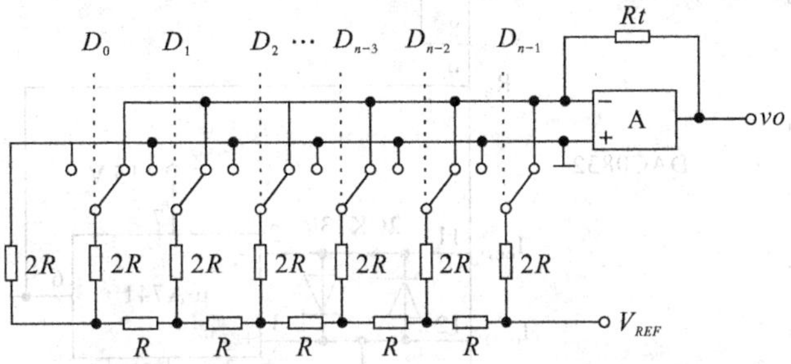

图 4-7-2 倒 T 型电阻网络 D/A 转换电路

运放的输出电压为

$$V_O=\frac{V_{REF}\cdot R_f}{2^nR}(D_{n-1}\cdot 2^{n-1}+D_{n-2}\cdot 2^{n-2}+\cdots+D_0\cdot 2^0)$$

由上式可见，输出电压 V_O 与输入的数字量成正比，这就实现了从数字量到模拟量的转换。

一个 8 位的 D/A 转换器，它有 8 个输入端，每个输入端是 8 位二进制数的一位，有一个模拟输出端，输入可有 $2^8=256$ 个不同的二进制组态，输出为 256 个电压之一，即输出电压不是整个电压范围内任意值，而只能是 256 个可能值。

DAC0832 的引脚功能说明如下。

D_0-D_7：数字信号输入端。

ILE：输入寄存器允许，高电平有效。

$\overline{CS}$：片选信号，低电平有效。

$\overline{WR}1$：写信号 1，低电平有效。

$\overline{XFER}$：传送控制信号，低电平有效。

$\overline{WR}2$：写信号 2，低电平有效。

I_{OUT1}，I_{OUT2}：DAC 电流输出端。

R_{fB}：反馈电阻，是集成在片内的外接运放的反馈电阻。

V_{REF}：基准电压（$-10\sim+10$）V。

V_{CC}：电源电压（$+5\sim+15$）V。

$AGND$：模拟地 ＞
$NGND$：数字地

DAC0832 输出的是电流，要转换为电压，还必须经过一个外接的运算放大器，实验线路如图 4-7-3 所示。

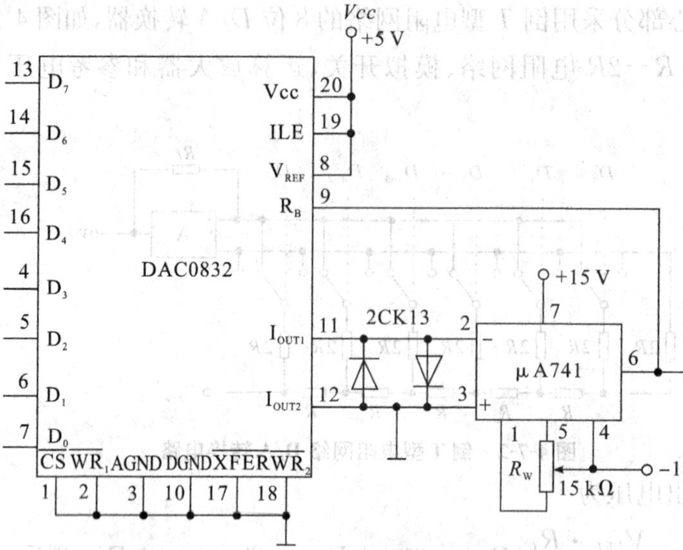

图 4-7-3　D/A 转换器实验线路

2. A/D 转换器 ADC0809

ADC0809 是采用 CMOS 工艺制成的单片 8 位 8 通道逐次渐近型模/数转换器，其逻辑框图及引脚排列如图 4-7-4 所示。

器件的核心部分是 8 位 A/D 转换器，它由比较器、逐次渐近寄存器、D/A 转换器及控制和定时 5 部分组成。

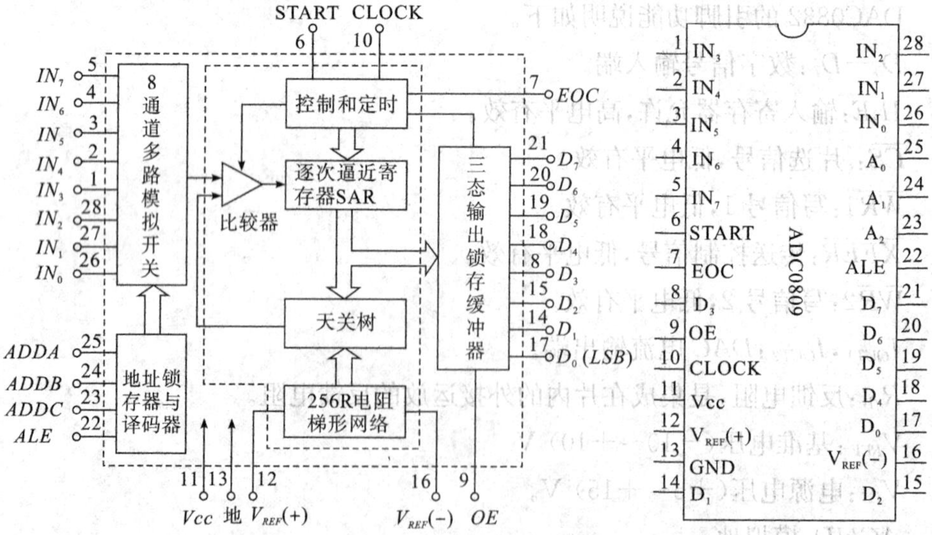

图 4-7-4　ADC0809 转换器逻辑框图及引脚排列

ADC0809 的引脚功能说明如下：

IN_0-IN_7：8 路模拟信号输入端。

A_2、A_1、A_0：地址输入端。

ALE：地址锁存允许输入信号，在此脚施加正脉冲，上升沿有效，此时锁存地址码，从而选通相应的模拟信号通道，以便进行 A/D 转换。

START：启动信号输入端，应在此脚施加正脉冲，当上升沿到达时，内部逐次逼近寄存器复位，在下降沿到达后，开始 A/D 转换过程。

EOC：转换结束输出信号（转换结束标志），高电平有效。

OE：输入允许信号，高电平有效。

CLOCK（*CP*）：时钟信号输入端，外接时钟频率一般为 640 kHz。

V_{CC}：+5 V 单电源供电

$V_{REF}(+)$、$V_{REF}(-)$：基准电压的正极、负极。一般 $V_{REF}(+)$ 接+5 V 电源，$V_{REF}(-)$ 接地。

D_7-D_0：数字信号输出端。

(1)模拟量输入通道选择。

8 路模拟开关由 A_2、A_1、A_0 三地址输入端选通 8 路模拟信号中的任何一路进行 A/D 转换，地址译码与模拟输入通道的选通关系如表 4-7-1 所示。

表 4-7-1 地址译码与模拟输入通道选通关系

被选模拟通道		IN_0	IN_1	IN_2	IN_3	IN_4	IN_5	IN_6	IN_7
地址	A_2	0	0	0	0	1	1	1	1
	A_1	0	0	1	1	0	0	1	1
	A_0	0	1	0	1	0	1	0	1

(2)D/A 转换过程。

在启动端（*START*）加启动脉冲（正脉冲），D/A 转换即开始。如将启动端（*START*）与转换结束端（*EOC*）直接相连，转换将是连续的，在用这种转换方式时，开始应在外部加启动脉冲。

4.7.4 实验设备及器件

序号	名 称	型号与规格	数 量	备 注
1	数电实验箱		1	
2	双踪示波器		1	
3	信号发生器		1	
4	万用表		1	
5	DAC0832、ADC0809、μA741、电位器、电阻、电容		若干	

4.7.5 实验内容

1. D/A 转换器—DAC0832

(1)按图 4-7-3 接线,电路接成直通方式,即$\overline{CS}$、$\overline{WR}1$、$\overline{WR}2$、$\overline{XFER}$接地;ALE、V_{CC}、V_{REF}接+5 V 电源;运放电源接±15 V;$D_0 \sim D_7$ 接逻辑开关的输出插口,输出端 v_O 接直流数字电压表。

(2)调零,令 $D_0 \sim D_7$ 全置零,调节运放的电位器使 μA741 输出为零。

(3)按表 4-7-2 所列的输入数字信号,用数字电压表测量运放的输出电压 V_O,并将测量结果填入表中,并与理论值进行比较。

表 4-7-2

输入数字量								输出模拟量 V_O(V)
D_7	D_6	D_5	D_4	D_3	D_2	D_1	D_0	$V_{CC}=+5$ V
0	0	0	0	0	0	0	0	
0	0	0	0	0	0	0	1	
0	0	0	0	0	0	1	0	
0	0	0	0	0	1	0	0	
0	0	0	0	1	0	0	0	
0	0	0	1	0	0	0	0	
0	0	1	0	0	0	0	0	
0	1	0	0	0	0	0	0	
1	0	0	0	0	0	0	0	
1	1	1	1	1	1	1	1	

2. A/D 转换器—ADC0809

按图 4-7-5 接线。

(1)8 路输入模拟信号 1～4.5 V,由+5 V 电源经电阻 R 分压组成;变换结果 $D_0 \sim D_7$ 接逻辑电平显示器输入插口,CP 时钟脉冲由计数脉冲源提供,取 $f=100$ kHz;$A_0 \sim A_2$ 地址端接逻辑电平输出插口。

(2)接通电源后,在启动端($START$)加一正单次脉冲,下降沿一到即开始 A/D转换。

(3)按表 4-7-3 的要求观察,记录 $IN_0 \sim IN_7$ 8 路模拟信号的转换结果,并将转换结果换算成十进制数表示的电压值,并与数字电压表实测的各路输入电压值进行比较,分析误差原因。

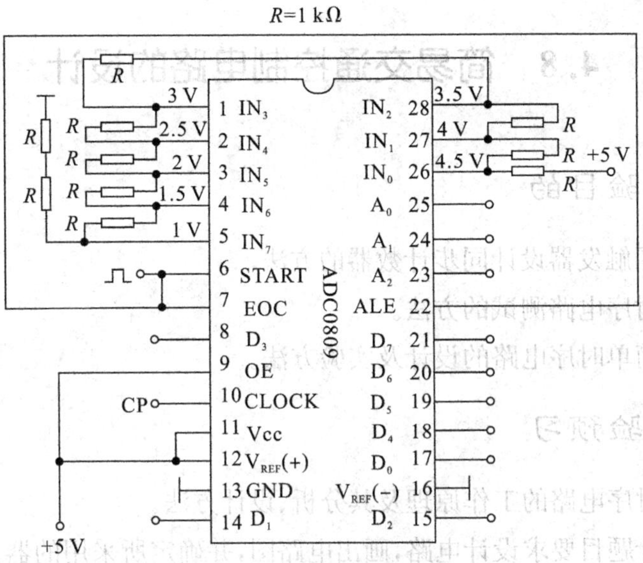

图 4-7-5 ADC0809 实验线路

表 4-7-3

被选模拟通道	输入模拟量	地	址		输	出	数	字	量				
IN	v_i(V)	A_2	A_1	A_0	D_7	D_6	D_5	D_4	D_3	D_2	D_1	D_0	十进制
IN_0	4.5	0	0	0									
IN_1	4.0	0	0	1									
IN_2	3.5	0	1	0									
IN_3	3.0	0	1	1									
IN_4	2.5	1	0	0									
IN_5	2.0	1	0	1									
IN_6	1.5	1	1	0									
IN_7	1.0	1	1	1									

4.7.6 实验报告要求

整理实验数据，分析实验结果。

4.8 简易交通控制电路的设计

4.8.1 实验目的

(1)掌握用触发器设计同步计数器的方法。

(2)掌握时序电路测试的方法。

(3)学会简单时序电路的设计及实验方法。

4.8.2 实验预习

(1)复习时序电路的工作原理及其分析、设计方法。

(2)按设计题目要求设计电路,画出电路图,并确定所采用的器件。

4.8.3 实验器材

序号	名　称	型号与规格	数 量	备　注
1	数电实验箱		1	
2	双踪示波器		1	
3	万用表		1	
4	74LS00		若干	

4.8.4 实验内容

某交叉路口的南北方向设置有红灯(R_1)、黄灯(Y_1)和绿灯(G_1),东西方向也设置有红灯(R_2)、黄灯(Y_2)和绿灯(G_2)。红灯亮是禁行信号,绿灯亮则是通行信号,黄灯亮是警示信号。根据交通规则,上述信号应按图 4-8-1 流程循环。试用

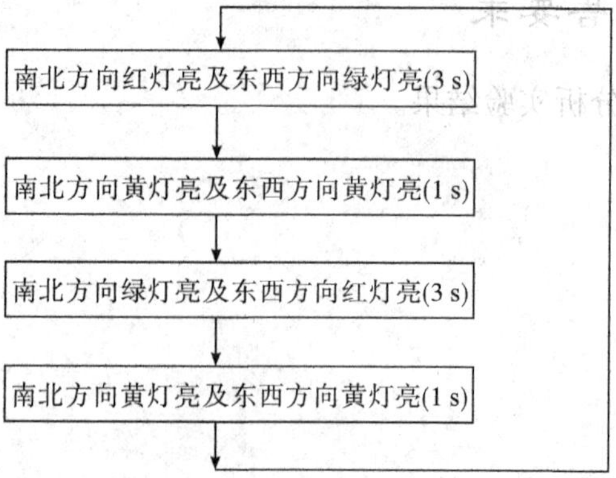

图 4-8-1　信号流程循环图

3个JK触发器设计一个三位二进制同步计数器，并将其输出信号 Q_3、Q_2、Q_1 经控制电路启动红、黄、绿信号灯，使其按图 4-8-1 流程循环。要求计数器和控制电路共用 6 个两输入的与非门实现。

其中，Q_3、Q_2、Q_1 与信号灯的关系如表 4-8-1 所示（以"1"表示信号灯亮，"0"表示灭）。据此列出 3 个 JK 触发器的状态方程，再与其特征方程联立，列出其驱动方程；同时，亦可得出控制电路的输出表达式，然后按要求化简，注意输出信号的多次利用才能减少所用门的数量。

表 4-8-1

时钟脉冲	计数器状态			南北向信号灯			东西向信号灯		
CLK	Q_3	Q_2	Q_1	R_1(红)	Y_1(黄)	G_1(绿)	R_2(红)	Y_1(黄)	G_2(绿)
0	0	0	0	1	0	0	0	0	1
1	0	0	1	1	0	0	0	0	1
2	0	1	0	1	0	0	0	0	1
3	0	1	1	0	1	0	0	1	0
4	1	0	0	0	0	1	1	0	0
5	1	0	1	0	0	1	1	0	0
6	1	1	0	0	0	1	1	0	0
7	1	1	1	0	1	0	0	1	0

4.8.5 实验内容

（1）按设计的逻辑图进行接线，检查无误后方可通电。

（2）先接好同步计数器，用 1 Hz 方波信号作为 CLK 的时钟脉冲输入，用三只指示灯观察并记录其输出 Q_3、Q_2、Q_1 的状态，检查是否符合三位二进制计数器的要求。

（3）当计数器工作正常后，再连控制电路，计数器仍然输入秒脉冲，再用三只指示灯观察并记录其输出 R_1、Y_1、R_2 的情况。

（4）用 1 Hz 方波信号作为 *CLK* 的时钟脉冲输入，用示波器观察并描绘 *CLK*、Q_3、Q_2、Q_1 和各信号灯 R_1、Y_1 和 G_1 的波形，注意总的时间长度需要描绘不少于 8 个时钟脉冲周期，并且各路波形需要同步。

4.8.6 实验报告要求

（1）列真值表。含控制电路和 JK 触发器构成的三位二进制同步计数器。

（2）根据真值表列表达式并化简（要求只用 3 个 JK 触发器和 6 个两输入与非门）。

(3)画出实验原理图。

(4)自拟表格记录用 1 Hz 方波信号作电路的时钟输入脉冲时,*CLK* 与各信号灯发亮情况的关系表。

(5)描绘出 *CLK*、Q_3、Q_2、Q_1 与各信号的波形并分析。

附录 1　常用集成电路引脚图

一、TTL 数字集成电路引脚图

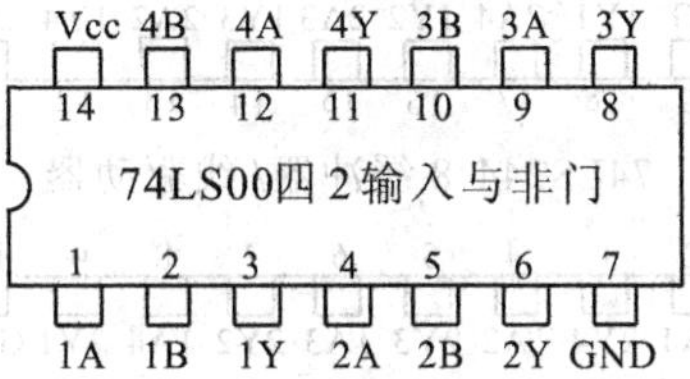

$Y=\overline{AB}$

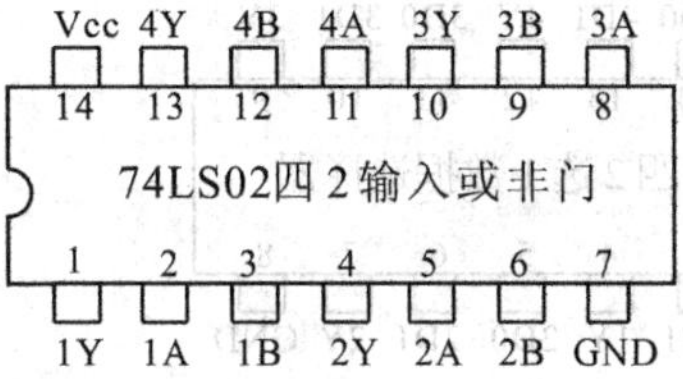

$Y=\overline{A+B}$

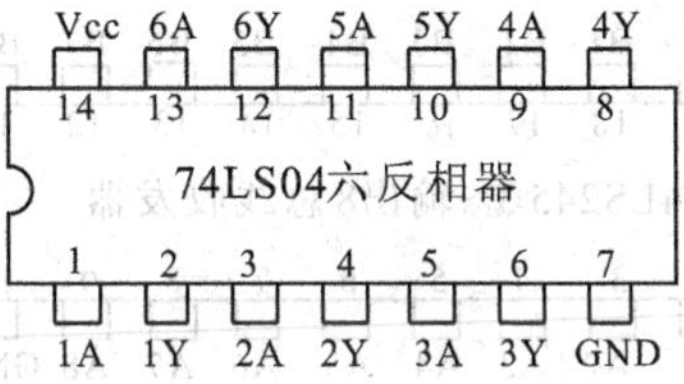

$Y=\overline{A}$

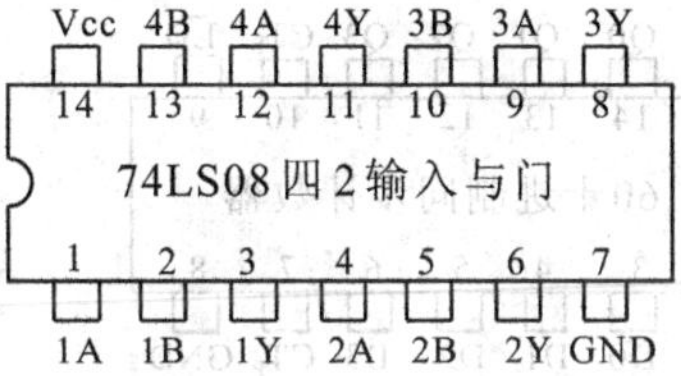

$Y=AB$

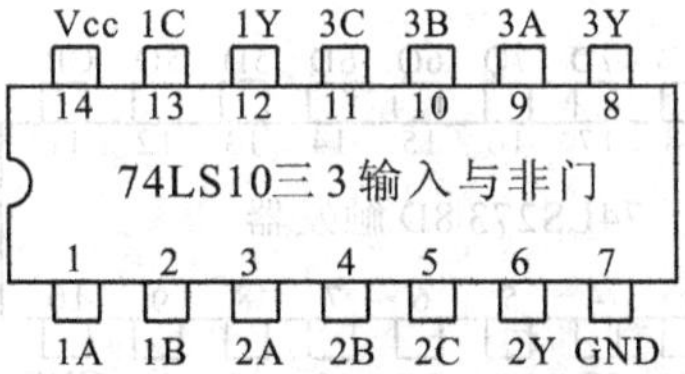

$Y=\overline{ABC}$

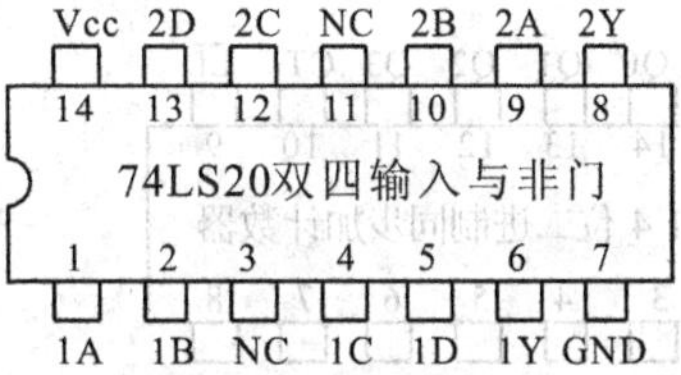

$Y=\overline{ABCD}$

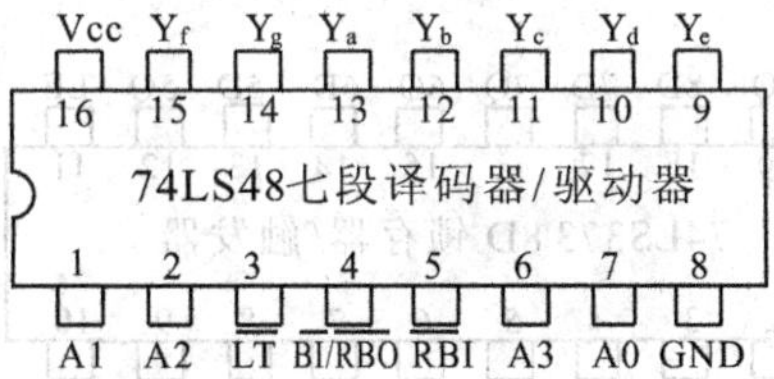

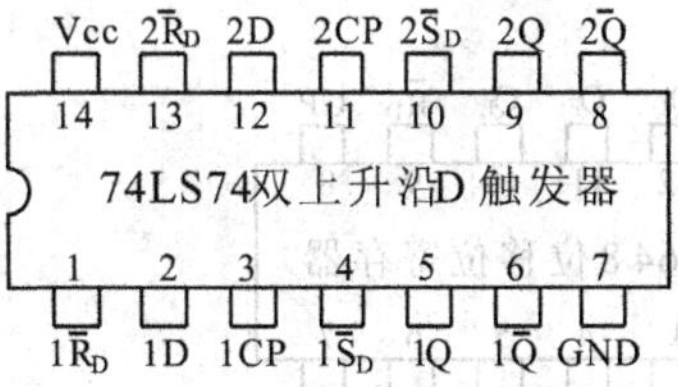

$Q^{n+1}=D(CP\uparrow)$

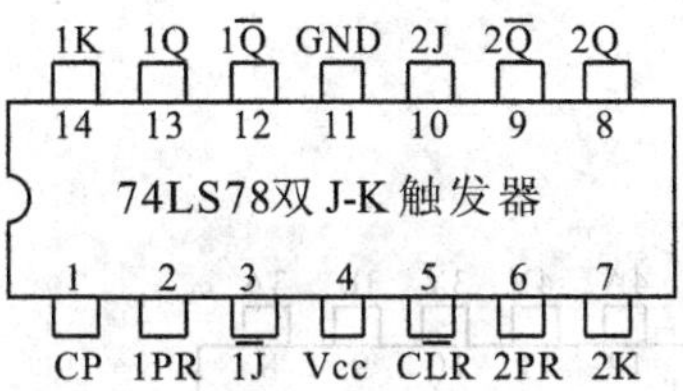

CP 上升沿有效,异步置位/复位

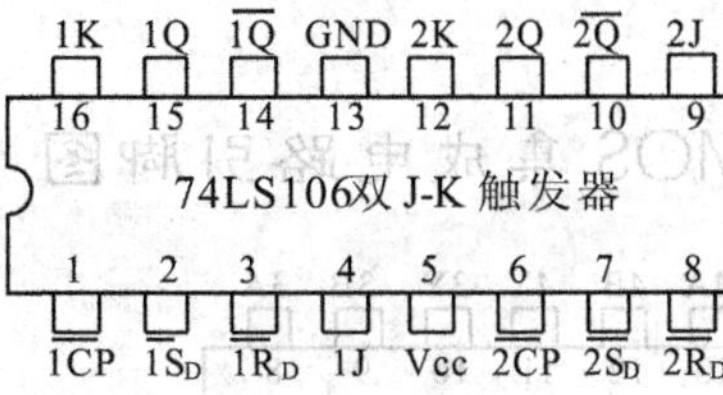

CP 下降沿有效,异步置位/复位

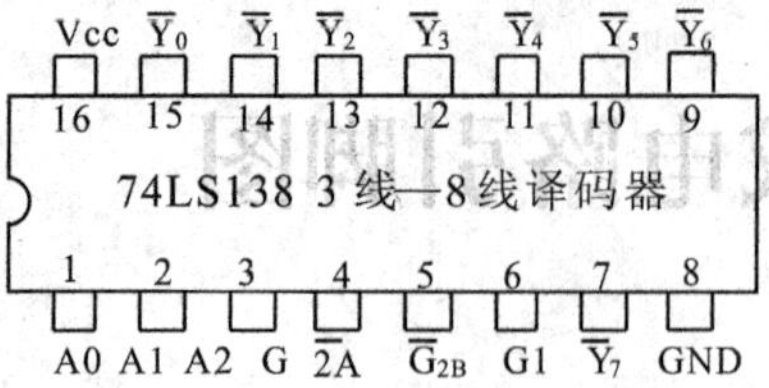

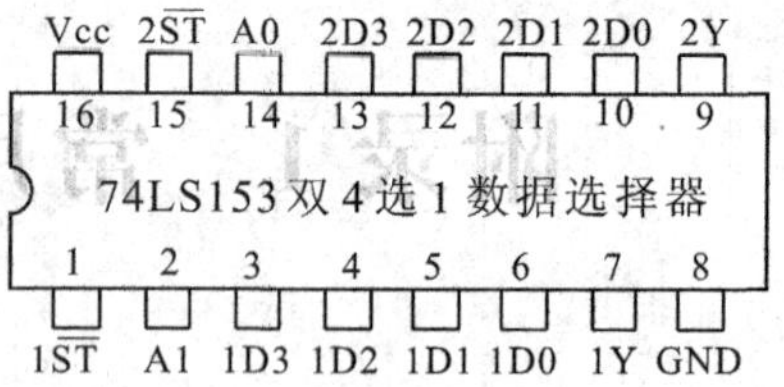

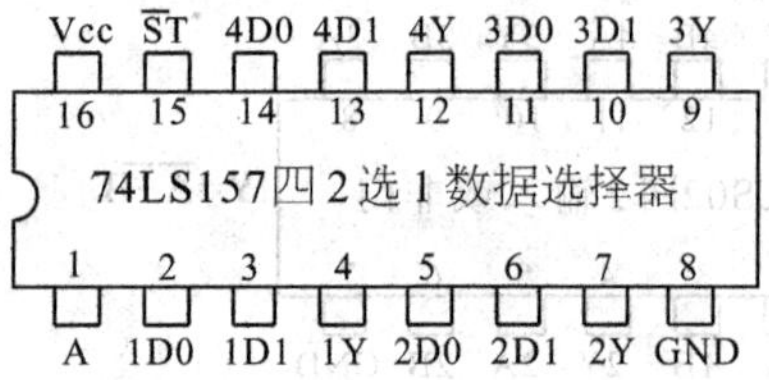

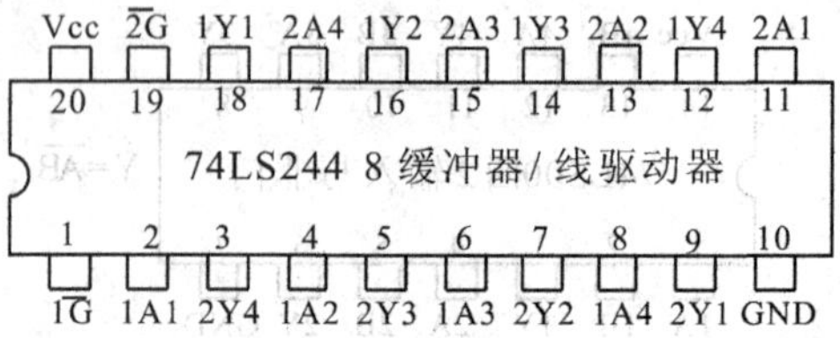

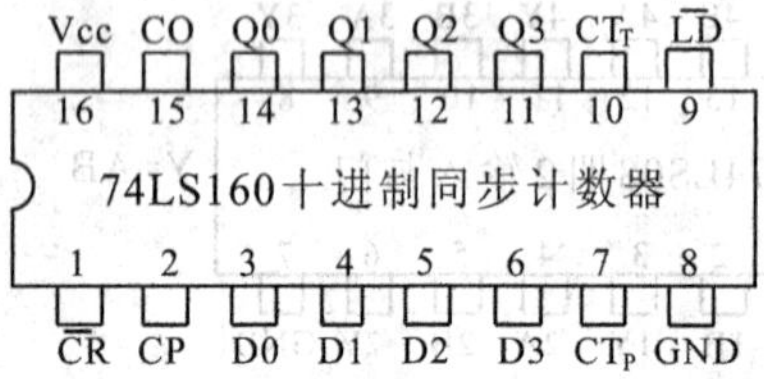

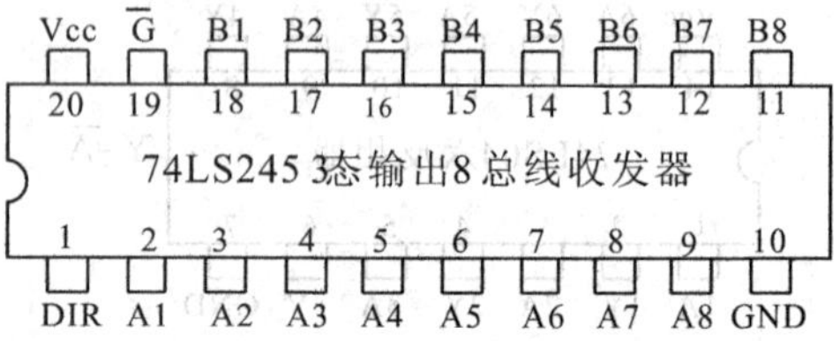

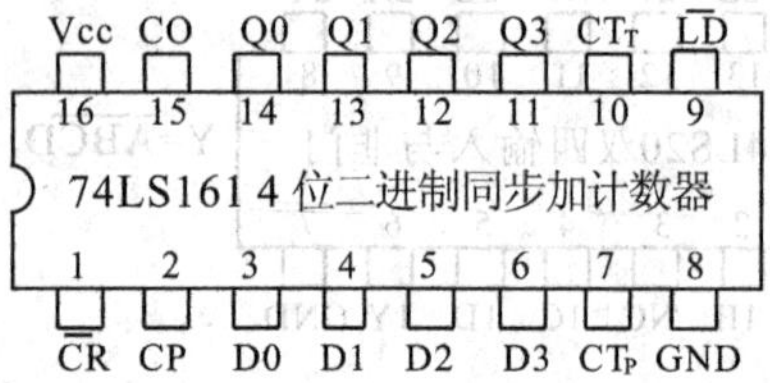

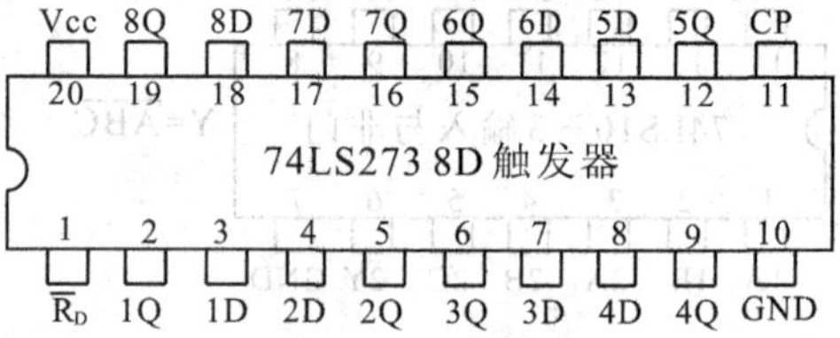

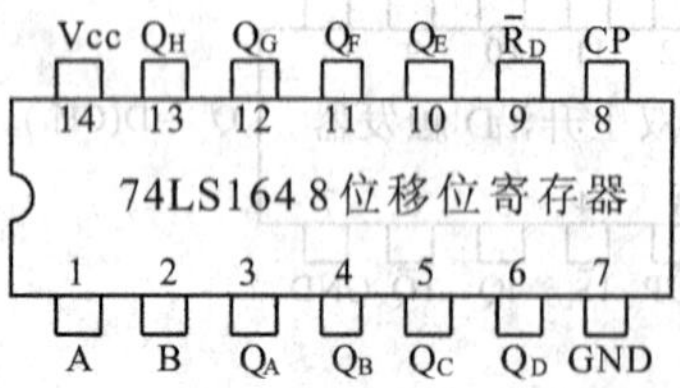

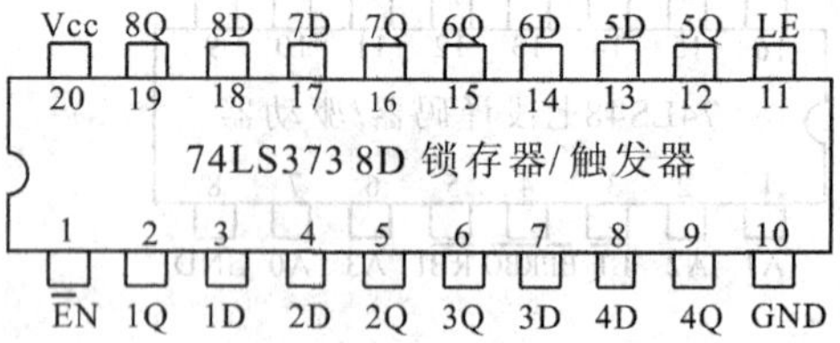

二、CMOS集成电路引脚图

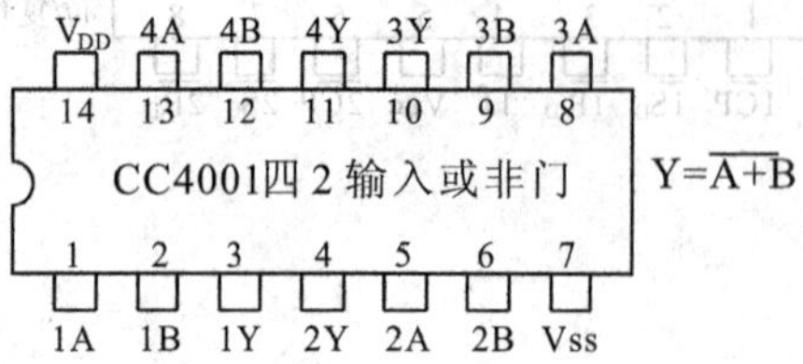

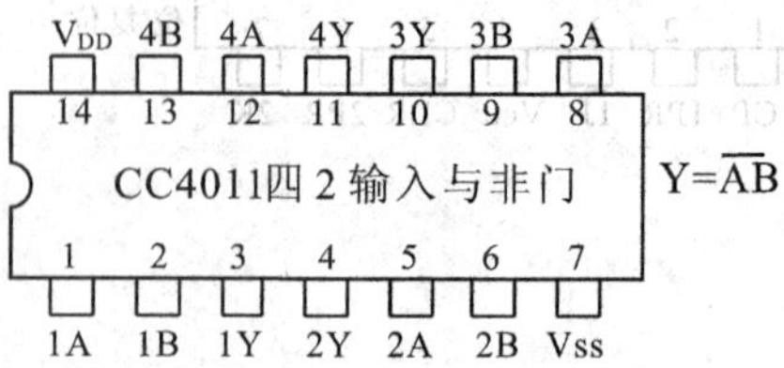

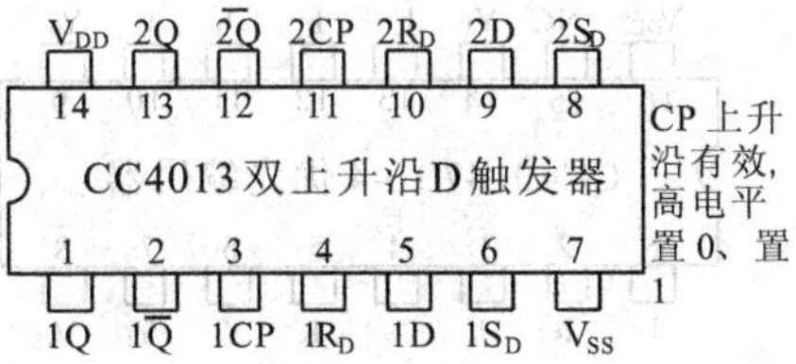
VDD 2Q 2Q̄ 2CP 2RD 2D 2SD
14 13 12 11 10 9 8
CC4013双上升沿D触发器
1 2 3 4 5 6 7
1Q 1Q̄ 1CP 1RD 1D 1SD VSS
CP上升沿有效，高电平置0、置1

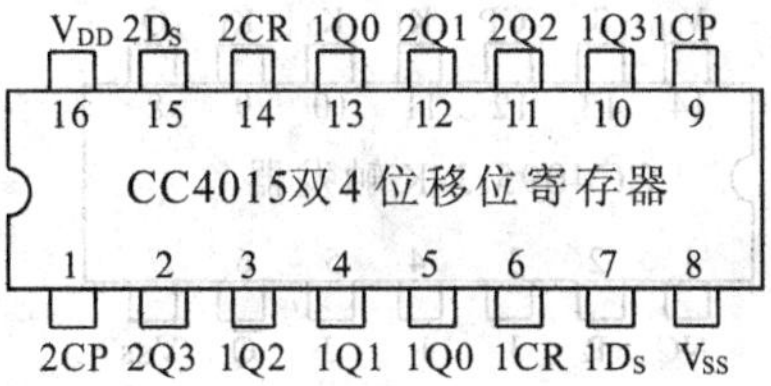
VDD 2DS 2CR 1Q0 2Q1 2Q2 1Q3 1CP
16 15 14 13 12 11 10 9
CC4015双4位移位寄存器
1 2 3 4 5 6 7 8
2CP 2Q3 1Q2 1Q1 1Q0 1CR 1DS VSS

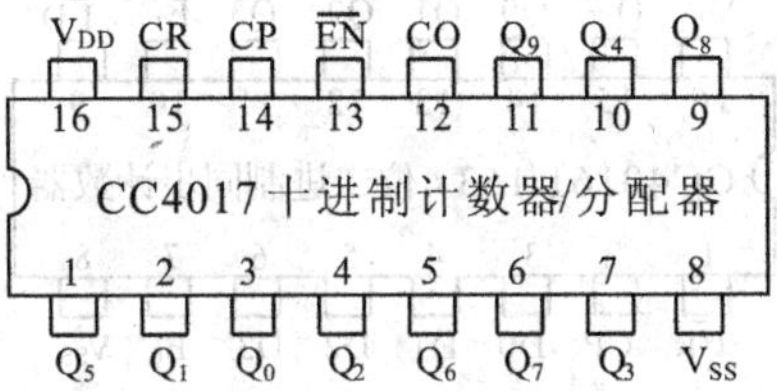
VDD CR CP EN̄ CO Q9 Q4 Q8
16 15 14 13 12 11 10 9
CC4017十进制计数器/分配器
1 2 3 4 5 6 7 8
Q5 Q1 Q0 Q2 Q6 Q7 Q3 VSS

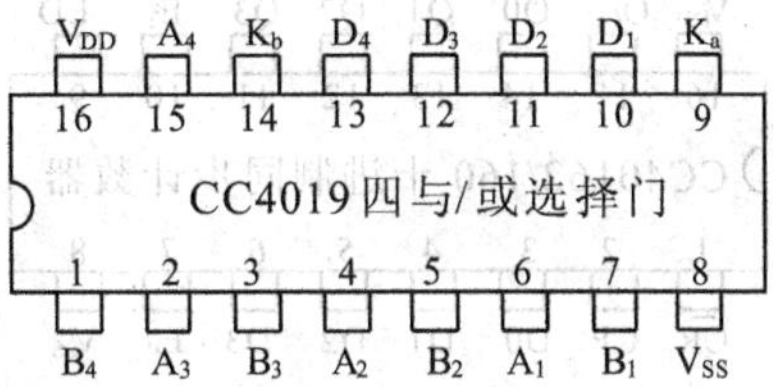
VDD A4 Kb D4 D3 D2 D1 Ka
16 15 14 13 12 11 10 9
CC4019四与/或选择门
1 2 3 4 5 6 7 8
B4 A3 B3 A2 B2 A1 B1 VSS

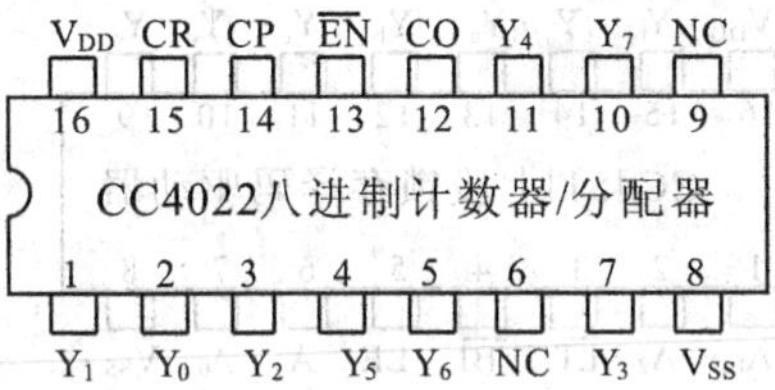
VDD CR CP EN̄ CO Y4 Y7 NC
16 15 14 13 12 11 10 9
CC4022八进制计数器/分配器
1 2 3 4 5 6 7 8
Y1 Y0 Y2 Y5 Y6 NC Y3 VSS

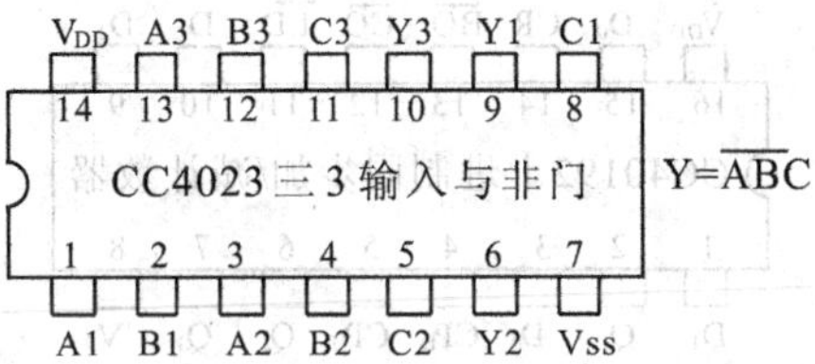
VDD A3 B3 C3 Y3 Y1 C1
14 13 12 11 10 9 8
CC4023三3输入与非门
1 2 3 4 5 6 7
A1 B1 A2 B2 C2 Y2 Vss
Y=ABC̄

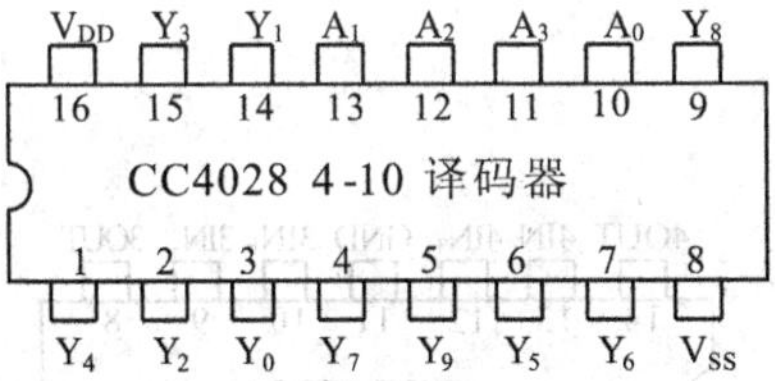
VDD Y3 Y1 A1 A2 A3 A0 Y8
16 15 14 13 12 11 10 9
CC4028 4-10 译码器
1 2 3 4 5 6 7 8
Y4 Y2 Y0 Y7 Y9 Y5 Y6 VSS

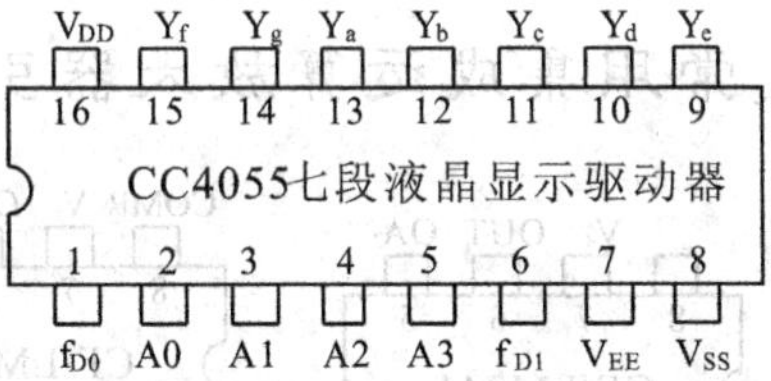
VDD Yf Yg Ya Yb Yc Yd Ye
16 15 14 13 12 11 10 9
CC4055七段液晶显示驱动器
1 2 3 4 5 6 7 8
fD0 A0 A1 A2 A3 fD1 VEE VSS

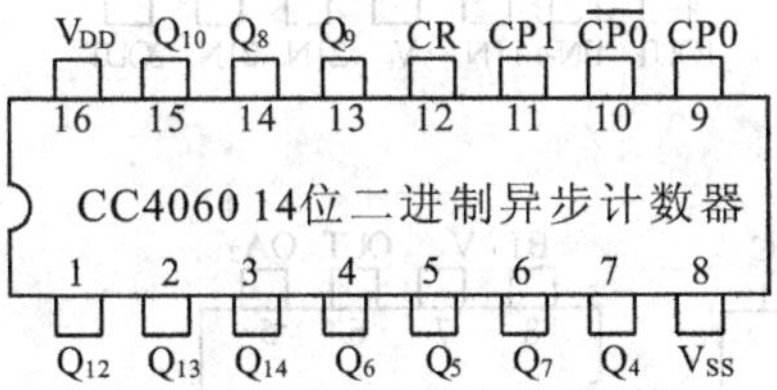
VDD Q10 Q8 Q9 CR CP1 CP0̄ CP0
16 15 14 13 12 11 10 9
CC4060 14位二进制异步计数器
1 2 3 4 5 6 7 8
Q12 Q13 Q14 Q6 Q5 Q7 Q4 VSS

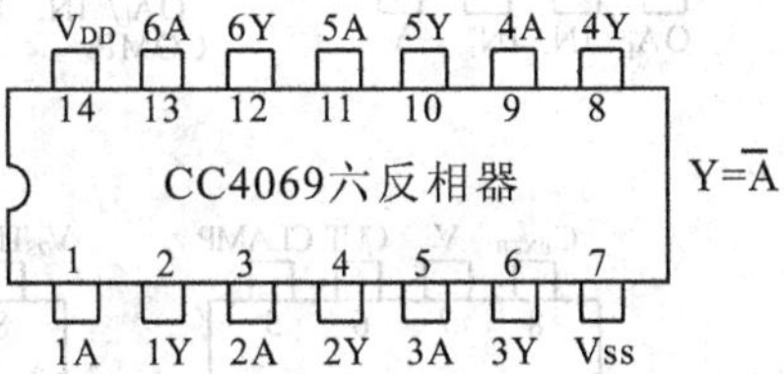
VDD 6A 6Y 5A 5Y 4A 4Y
14 13 12 11 10 9 8
CC4069六反相器
1 2 3 4 5 6 7
1A 1Y 2A 2Y 3A 3Y Vss
Y=Ā

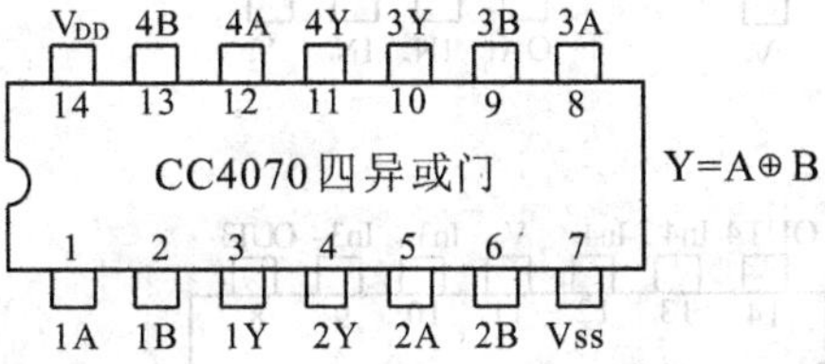
VDD 4B 4A 4Y 3Y 3B 3A
14 13 12 11 10 9 8
CC4070四异或门
1 2 3 4 5 6 7
1A 1B 1Y 2Y 2A 2B Vss
Y=A⊕B

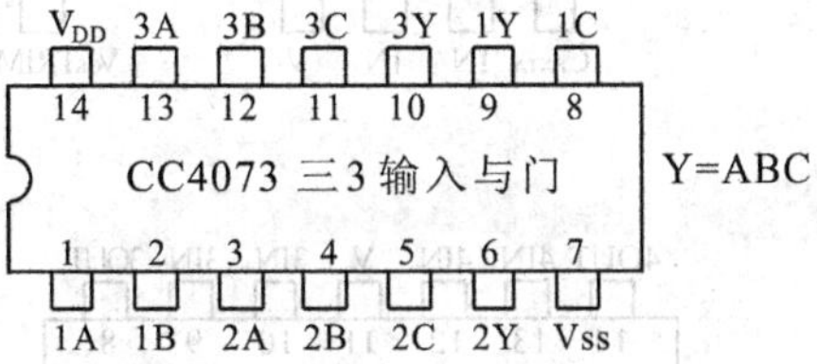
VDD 3A 3B 3C 3Y 1Y 1C
14 13 12 11 10 9 8
CC4073 三3输入与门
1 2 3 4 5 6 7
1A 1B 2A 2B 2C 2Y Vss
Y=ABC

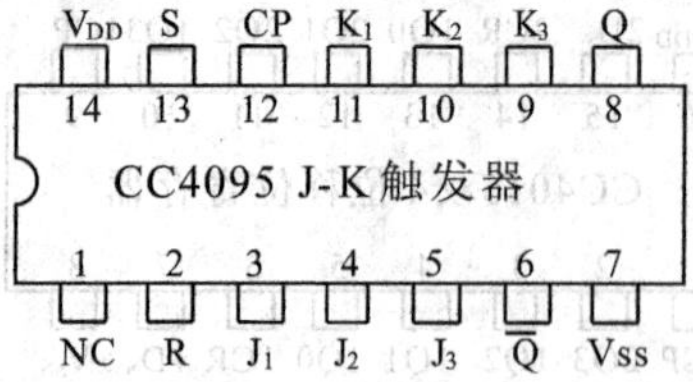

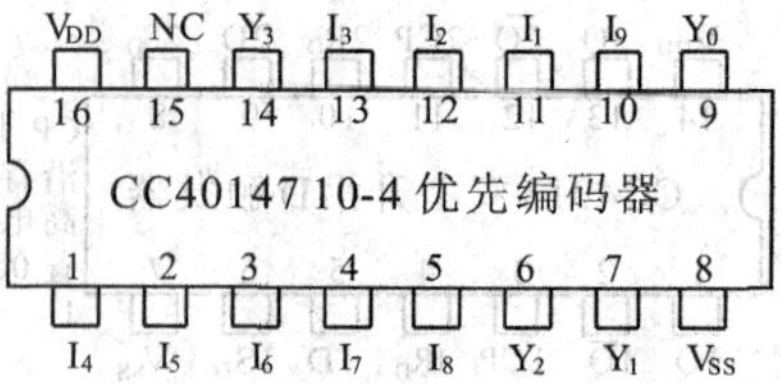

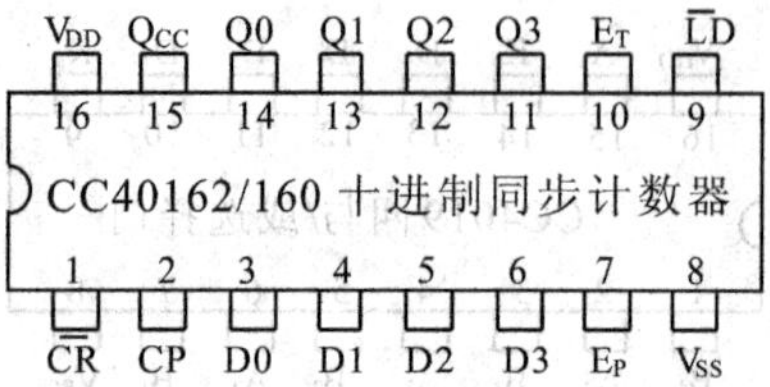

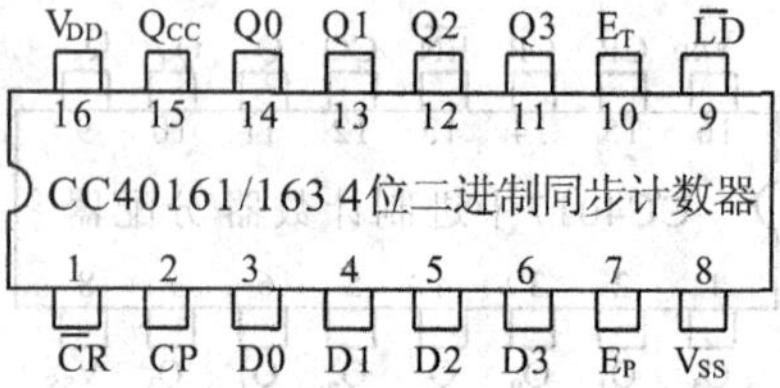

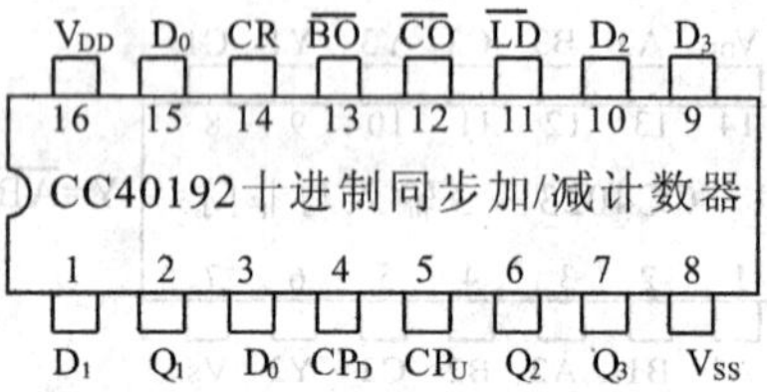

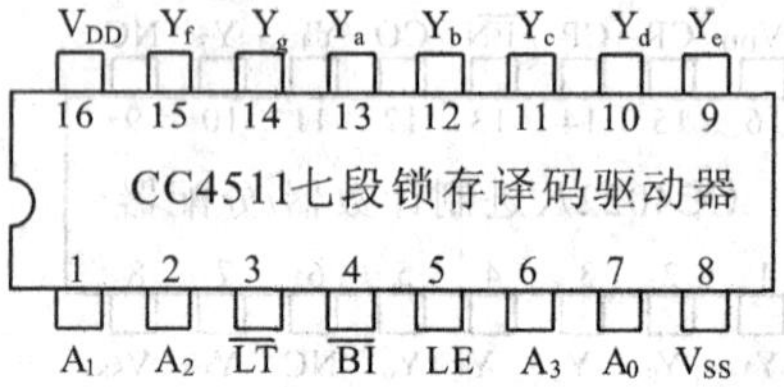

三、常用集成运算放大器引脚图

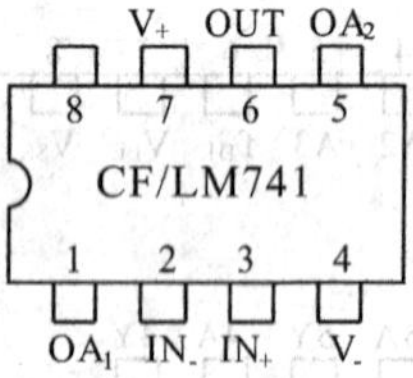

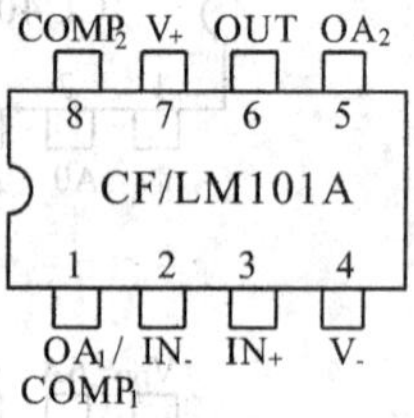

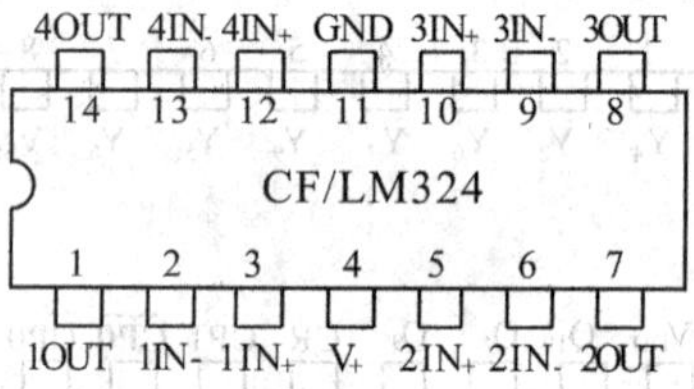

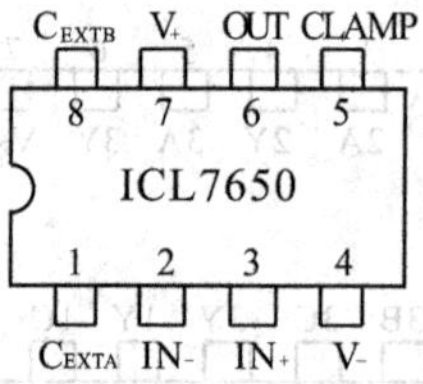

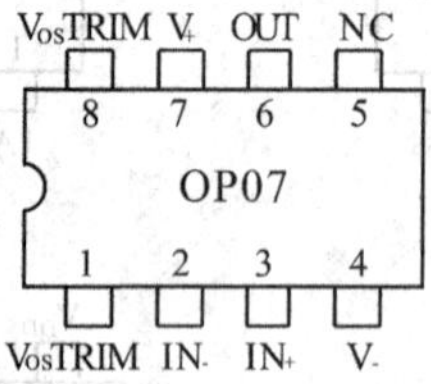

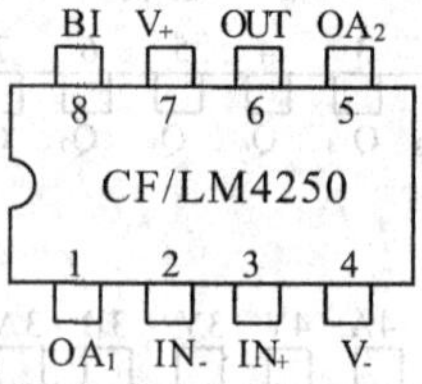

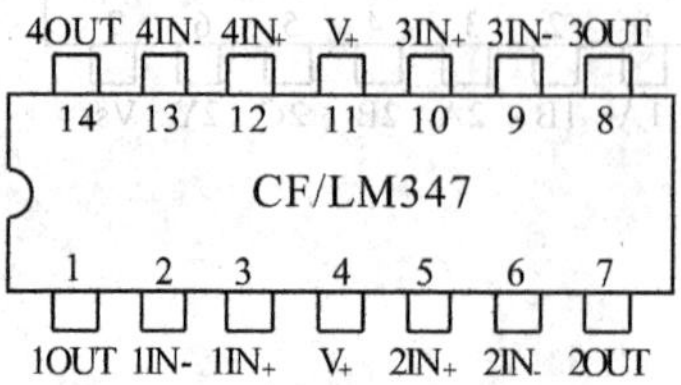

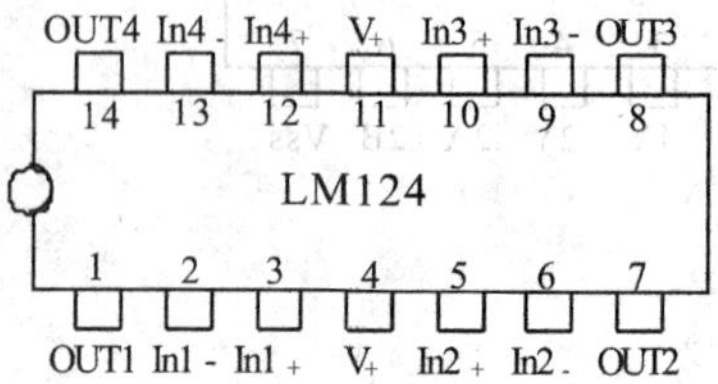

四、常用 A/D 和 D/A 集成电路引脚图

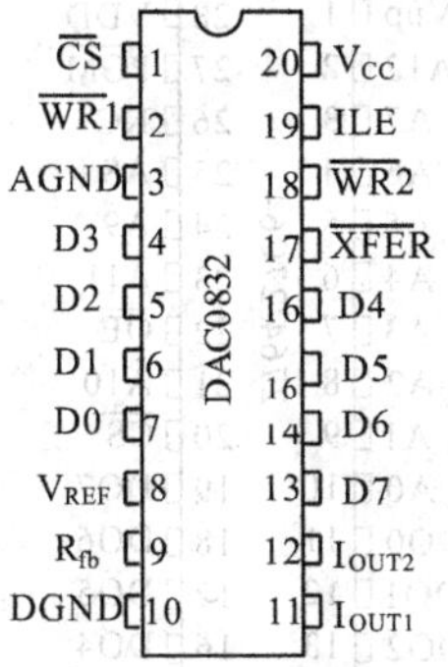

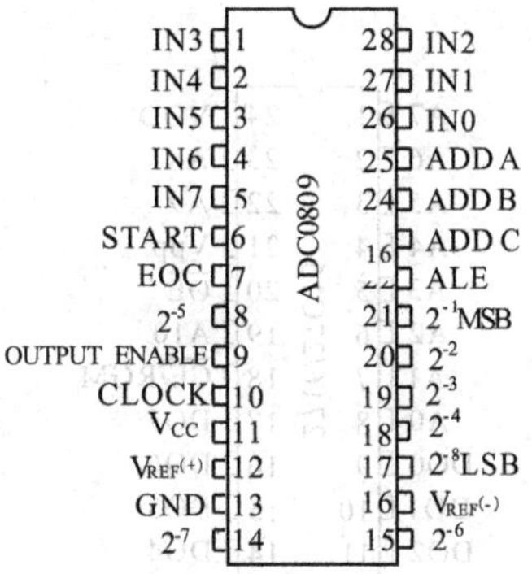

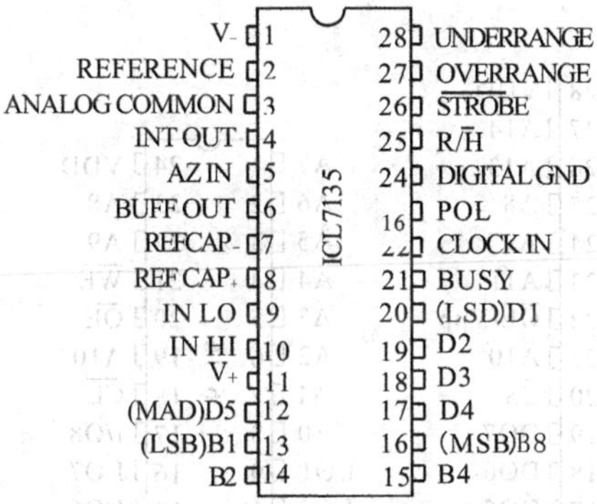

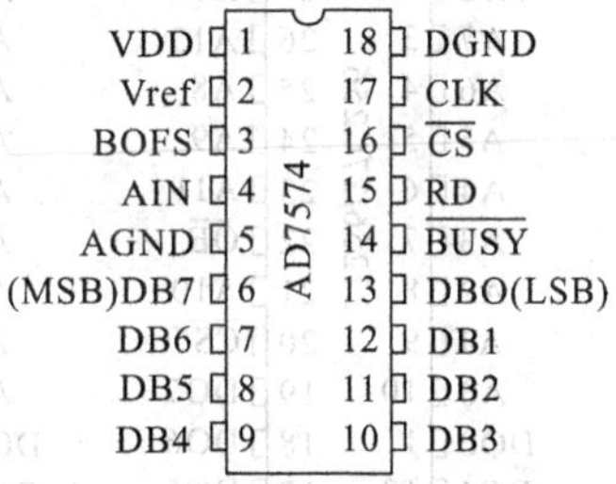

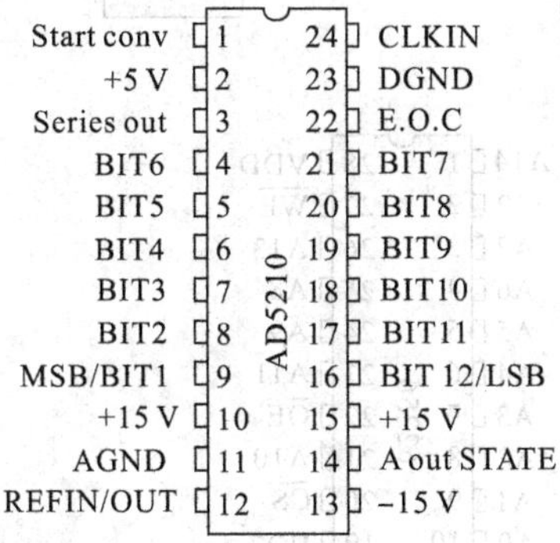

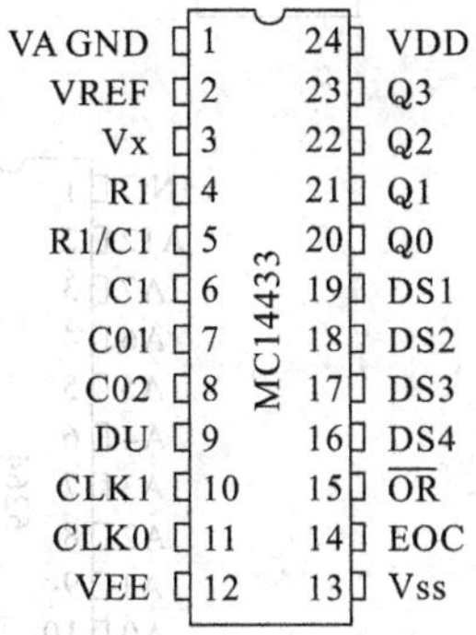

五、常用存储器芯片引脚图

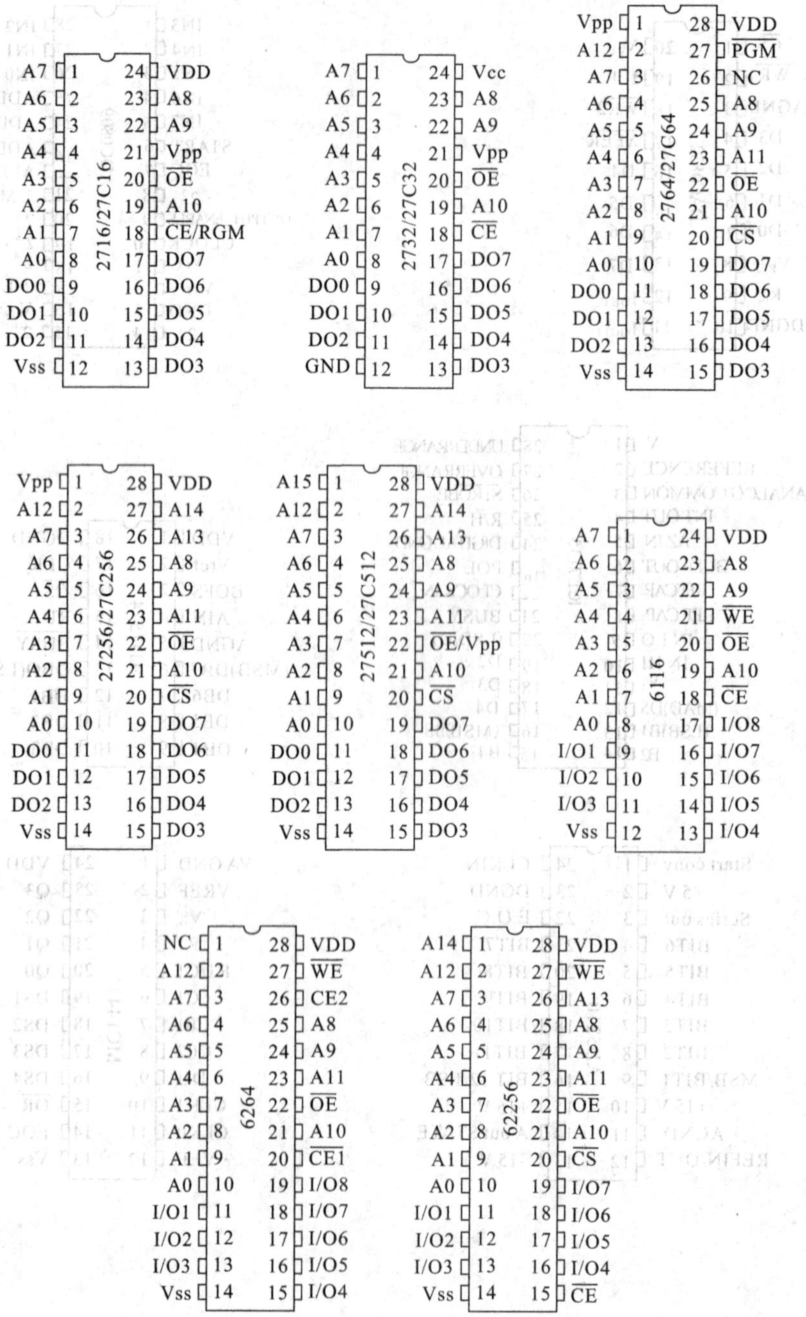

附录 2　电阻、三极管的识别与检测

附录 2.1　电阻的识别与检测

1. 电阻概述

电阻(resistance)通常缩写为 R，符号：是导体的一种基本性质，与导体的尺寸、材料、温度有关。欧姆定律说，$I=U/R$，那么 $R=U/I$，电阻的基本单位是欧姆，用希腊字母“Ω”表示，它的定义是：导体上加上一伏特电压时，产生一安培电流所对应的阻值。电阻的主要职能就是阻碍电流流过。事实上，“电阻”说的是一种性质，而通常在电子产品中所指的电阻，是指电阻器这样一种元件。欧姆常简称为欧。表示电阻阻值的常用单位还有千欧(kΩ)，兆欧(MΩ)，毫欧(mΩ)。

2. 电阻的主要技术参数

电阻器的主要参数有标称阻值(简称阻值)、额定功率和允许偏差。

(1)标称阻值。

标称阻值通常是指电阻器上标注的电阻值。目前采用 E 系列作为电阻规格，E 系列首先在英国的电工工业中应用，故采用 Electricity 的第一个字母 E 标志这一系列。公式：$a_n=(\sqrt[E]{10})^{n-2}(n=1,2,3)$，其中 E 取不同数值时，计算所得数值四舍五入取近似值，形成数值系列，把小于 10 的 a_n 值作为电阻的标称值。

表 F2-1　常用标称值误差

标称值系列	误差/%	电阻器标称值/Ω					
$E24$	±5	1.0	1.1	1.2	1.3	1.5	1.6
		1.8	2.0	2.2	2.4	2.7	3.0
		3.3	3.6	3.9	4.3	4.7	5.1
		5.6	6.2	6.8	7.5	8.2	9.1
$E12$	±10	1.0	1.2	1.5	1.8	2.2	2.7
		3.3	3.9	4.7	5.6	6.8	8.2
$E6$	±20	1.0	1.5	2.2	3.3	4.7	6.8

(2)额定功率。

额定功率是指电阻器在交流或直流电路中，在特定条件下(在一定大气压下和产品标准所规定的温度下）长期工作时所能承受的最大功率（即最高电压和最大电流和乘积）。电阻器的额定功率值也有标称值，一般分为 1/8 W、1/4 W、1/2 W、1 W、2 W、3 W、4 W、5 W、10 W 等。

(3)允许偏差。

一只电阻器的实际阻值不可能与标称阻值绝对相等，两者之间会存在一定的偏差，我们将该偏差允许范围称为电阻器的允许偏差。允许偏差小的电阻器，其阻值精度就越高，稳定性也好。常用的允许偏差为±5%、±10%、±20%，高精密度的则为±1%、±0.5%。

电阻的阻值和允许偏差的标注方法有直标法、文字符号法和色标法。

①直标法：把阻值、允许误差、允许功率用数字印在电阻上。如 RXY　10　100 Ω　—1

上述各项从左至右分别表示：主称、材料、结构、额定频率、电阻值和允许误差。

②文字符号法：随着电子元件的不断小型化，特别是表面安装元器件（SMC 和 SMD）的制造工艺不断进步，使得电阻器的体积越来越小，其元件表面上标注的文字符号也作出了相应改革。一般仅用三位数字标注电阻器的数值，精度等级不再表示出来（一般小于±5%）。具体规定如下：

元件表面涂以黑颜色表示电阻器；电阻器的基本标注单位是欧姆（Ω），其数值大小用三位数字标注；对于十个基本标注单位以上的电阻器，前两位数字表示数值的有效数字，第三位数字表示数值的倍率。如 100 表示其阻值为 10×100＝10 Ω；223 表示其阻值为 22×103＝22 kΩ；对于十个基本标注单位以下的元件，第一位、第三位数字表示数值的有效数字，第二位用字母“R”表示小数点。如 3R9 表示其阻值为 3.9 Ω。

③色标法：色标法指的是用不同颜色的色带或色点标志在电阻器表面上，以表示电阻器的标称阻值和允许偏差。色标法具有颜色醒目、标志清晰、无方向性的优点，小型化的电阻器都采用色标法。

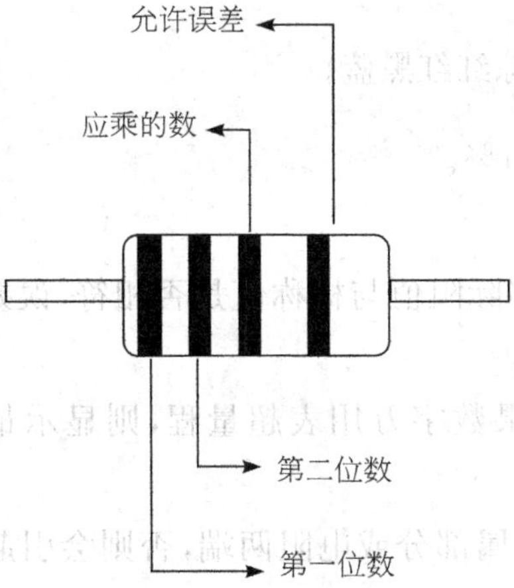

图 F2-1　四色环电阻读法

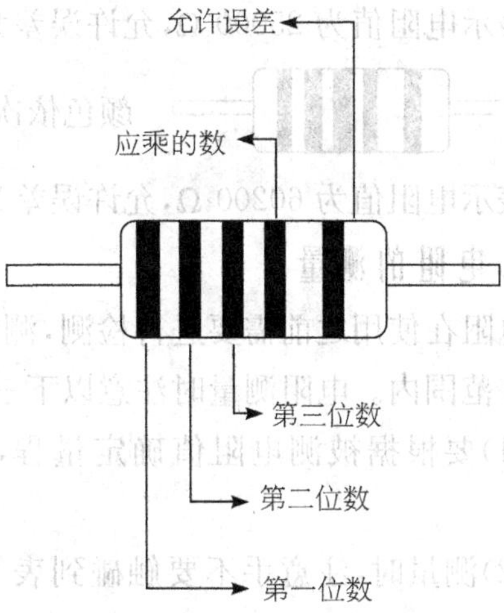

图 F2-2　五色环电阻读法

对于四色环电阻器，第一道色环、第二道色环表示阻值的第一位、第二位数；第三道色环表示阻值前两位数后加几个零，阻值的单位是欧姆；第四道色环表示阻值的允许误差。

表 5-2　四色环表示法规则

颜色	无	银	金	黑	棕	红	橙	黄	绿	蓝	紫	灰	白
第一位有效值				0	1	2	3	4	5	6	7	8	9
第二位有效值				0	1	2	3	4	5	6	7	8	9
第三位倍乘		10^{-2}	10^{-1}	10^{0}	10^{1}	10^{2}	10^{3}	10^{4}	10^{5}	10^{6}	10^{7}	10^{8}	10^{9}
第四位误差/%	±20	±10	±5										

对于五色环电阻器，第一道、第二道、第三道色环表示阻值的第一位、第二位、第三位数；第四道色环表示阻值前两位数后加几个零，阻值的单位是欧姆；第五道色环表示阻值的允许误差。

表 F2-3　五色环表示法规则

颜色	无	银	金	黑	棕	红	橙	黄	绿	蓝	紫	灰	白
第一位有效值				0	1	2	3	4	5	6	7	8	9
第二位有效值				0	1	2	3	4	5	6	7	8	9
第三位有效值				0	1	2	3	4	5	6	7	8	9
第四位倍乘		10^{-2}	10^{-1}	10^{0}	10^{1}	10^{2}	10^{3}	10^{4}	10^{5}	10^{6}	10^{7}	10^{8}	10^{9}
第五位误差/%	±20	±10	±5		±1	±2			±0.5	±0.25	±0.1	±0.05	

例

颜色依次为红绿橙金。

表示电阻值为 25000 Ω，允许误差为±5%。

颜色依次为棕红红黑蓝。

表示电阻值为 60200 Ω，允许误差为±1%。

3. **电阻的测量**

电阻在使用之前需要进行检测，测量实际阻值与标称值是否相符，误差是否在允许范围内。电阻测量时注意以下三点：

(1)要根据被测电阻值确定量程，如果数字万用表超量程，则显示最高位“1.”。

(2)测量时，注意手不要触碰到表笔金属部分或电阻两端，否则会引起测量误差。

(3)测量线路当中的电阻时，必须确认被测电路已断开电源，同时被测电路当中的电容已放电完毕。

2.2 三极管的识别与检测

1. 全称为半导体晶体管，也称双极性晶体管、晶体管

全称为半导体晶体管，也称双极性晶体管、晶体管。它是电子电路中最重要的器件，最主要的功能是电流放大和开关作用。它可以把微弱的电信号变成一定强度的信号，当然这种转换仍然遵循能量守恒，它只是把电源的能量转换成信号的能量。

2. 三极管分类

分类方式及名称		说明
按结构分	PNP	电流从发射极流向集电极。它通过电路图形符号与 NPN 型三极管区别，两者的不同之处是发射极的箭头方向不同
	NPN	目前常用，电流从集电极流向发射极
按材质分	硅管	目前常用的三极管，工作稳定性好
	锗管	反向电流大，受温度影响较大
按工作频率来分	低频管	工作频率比较低，用于直流放大器、音频放大器电路
	高频管	工作频率比较高，用于高频放大器电路
	超频管	一种基于 N 型外延层的晶体管，具有高功率增益、低噪声的功率特性以及大动态范围和理想的电流特性。

续表

分类方式及名称		说明
按功率来分	小功率管	输出功率很小，用于前级放大器电路
	中功率管	输出功率较大，用于功率放大器输出级或末级电路
	大功率管	输出功率很大，用于功率放大器输出级
按安装方式	插件管	常用的形式，三根引脚通过电路板上的引脚孔伸到背面的铜箔电路上，用焊锡焊接
	贴片管	引脚很短，直接焊接在电路板铜箔电路侧
按结构工艺分	合金管	大部分应用于低频范围
	平面管	有较好的稳定性和参数均一性，应用于高频大功率

3. 三极管的检测

使用数字万用表测量时，通常使用“二极管挡位”进行测量。

(1)判断基极和管型。

当黑(红)表笔接触某一极，红(黑)表笔分别接触另两个极时，万用表指示为低阻，则该极为基极，该管为NPN(PNP)。

(2)判定集电极 c 和发射极 e。

基极确定后，比较 B 与另外两个极间的正向电阻，较大者为发射极 E，较小者为集电极 C。

另一种方法是使用 hFE 挡来进行判断。在确定了三极管的基极和管型后，将三极管的基极按照基极的位置和管型插入到测量孔中，其他两个引脚插入到余下的三个测量孔中的任意两个，观察显示屏上数据的大小，找出三极管的集电极和发射极，交换位置后再测量一下，观察显示屏数值的大小，反复测量四次，对比观察。以所测的数值最大的一次为准，就是三极管的电流放大系数，相对应插孔的电极即是三极管的集电极和发射极。

附录 3　GOS-620 双轨迹示波器

GOS-620 型示波器是一种双通道、带宽为 20 MHz(-3 dB)的示波器。图F3-1是该示波器的面板图。

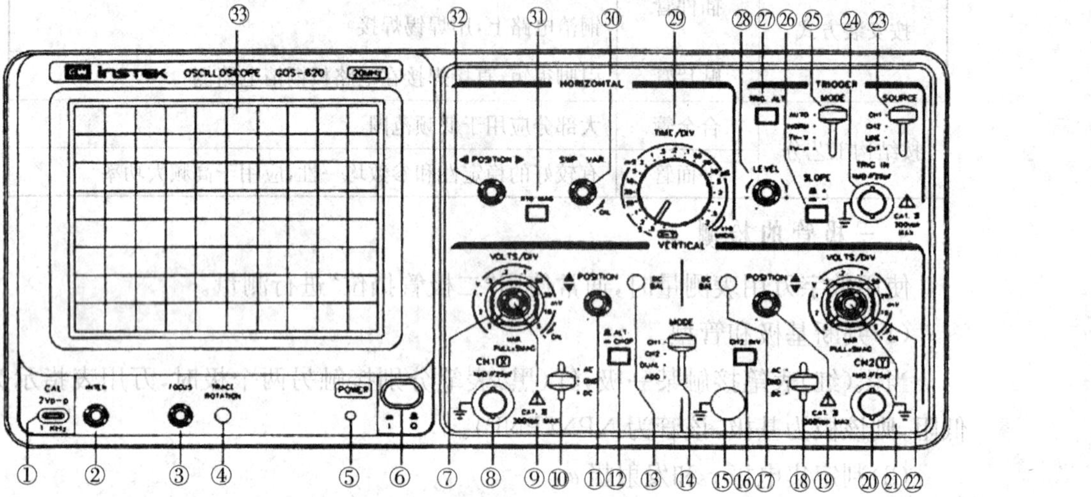

图 F3-1　GOS-620 型示波器前面板示意图比

1. 前 面 板 示 意 图

CRT 显示屏

②INTEN:轨迹及光点亮度控制钮;

③FOCUS:轨迹聚焦调整钮;

④TRACE ROTATION:使水平轨迹与刻度线成平行的调整钮;

⑥POWER:电源主开关,压下此钮可接通电源,电源指示灯;

⑤会发亮;再按一次,开关凸起时,则切断电源;

㉝FILTER:滤光镜片,可使波形易于观察;

VERTICAL 垂直偏向

⑦㉒VOLTS/DIV:垂直衰减选择钮,以此钮选择 CH_1 及 CH_2 的输入信号衰减幅度,范围为 5 mV/DIV～5 V/DIV,共 10 挡;

⑩⑱AC－GND－DC:输入信号耦合选择按键钮;

AC:垂直输入信号电容耦合,截止直流或极低频信号输入;

GND:按下此键则隔离信号输入,并将垂直衰减器输入端接地,使之产生一个零电压参考信号;

DC:垂直输入信号直流耦合,AC 与 DC 信号输入放大器。

⑧输入:CH_1 的垂直输入端,在 X－Y 模式下,为 X 轴的信号输入端;

⑨㉑VARIABLE：灵敏度微调控制，至少可调到显示值的1/2.5。在CAL位置时，灵敏度即为挡位显示值。当此旋钮拉出时（×5 MAG状态），垂直放大器灵敏度增加5倍；

⑳CH_2（Y）输入：CH_2 的垂直输入端，在X－Y模式下，为Y轴的信号输入端；

⑪⑲POSITION：轨迹及光点的垂直位置调整钮；

（14）VERT MODE：CH_1 及 CH_2 选择垂直操作模式；

CH_1 或 CH_2：通道1或通道2单独显示；

DUAL：设定本示波器以 CH_1 及 CH_2 双频道方式工作，此时并可切换ALT/CHOP模式来显示两轨迹；

ADD：用以显示 CH_1 及 CH_2 的相加信号；当 CH_2 INV键⑯为压下状态时，即可显示 CH_1 及 CH_2 的相减信号；

⑬（17）CH_1 & CH_2 DC BAL：调整垂直直流平衡点；

⑫ALT/CHOP：当在双轨迹模式下，放开此键，则 CH_1&CH_2 以交替方式显示。（一般使用于较快速之水平扫描文件位）当在双轨迹模式下，按下此键，则 CH_1&CH_2 以切割方式显示。（一般使用于较慢速之水平扫描文件位）；

⑯CH_2 INV：此键按下时，CH_2 的讯号将会被反向。CH_2 输入讯号于ADD模式时，CH_2 触发截选讯号（Trigger Signal Pickoff）亦会被反向。

TRIGGER 触发

㉖SLOPE：触发斜率选择键；“＋”：凸起时为正斜率触发，当信号正向通过触发准位时进行触发；“－”：压下时为负斜率触发，当信号负向通过触发准位时进行触发；

㉔EXT TRIG. IN：外触发输入端子；

㉗TRIG. ALT：触发源交替设定键，当VERT MODE选择器⑭在DUAL或ADD位置，且

SOURCE选择器㉓置于 CH_1 或 CH_2 位置时，按下此键，本仪器即会自动设定 CH_1 与 CH_2 的输入信号以交替方式轮流作为内部触发信号源；

㉓SOURCE：用于选择 CH_1、CH_2 或外部触发；

CH_1：当VERT MODE选择器⑭在DUAL或ADD位置时，以 CH_1 输入端的信号作为内部触发源；

CH_2：当VERT MODE选择器（14）在DUAL或ADD位置时，以 CH_2 输入端的信号作为内部触发源；

LINE：将AC电源线频率作为触发信号；

EXT：将TRIG. IN端子输入的信号作为外部触发信号源；

㉕TRIGGER MODE:触发模式选择开关;

常态(NORM):当无触发信号时,扫描将处于预备状态,屏幕上不会显示任何轨迹。

本功能主要用于观察25 Hz的信号;

自动(AUTO):当没有触发信号或触发信号的频率小于25 Hz时,扫描会自动产生;

电视场(TV):用于显示电视场信号;

㉘LEVEL:触发准位调整钮,旋转此钮以同步波形,并设定该波形的起始点。将旋钮向"+"方向旋转,触发准位会向上移;将旋钮向"—"方向旋转,则触发准位向下移;

水平偏向

㉙TIME/DIV:扫描时间选择钮;

㉚SWP. VAR:扫描时间的可变控制旋钮;

㉛×10 MAG:水平放大键,扫描速度可被扩展10倍;

㉜POSITION:轨迹及光点的水平位置调整钮;

其他功能

①CAL(2VP—P):此端子提供幅度为2VP—P,频率为1 kHz的方波信号,用于校正10:1探极的补偿电容器和检测示波器垂直与水平偏转因数;

⑮GND:示波器接地端子;

2. 单通道基本操作法

下面以CH_1为范例介绍单一频道的基本操作法。CH_2单频道的操作程序是相同的,仅需注意要改为设定CH_2栏的旋钮及按键组。

使用示波器时,首先要获得一条水平基线,然后才能用探头进行其他测量。示波器"触发方式选择开关"置于"AUTO"即自动扫描方式。按下电源开关6并确认电源指示灯5亮起。约20秒后CRT显示屏上应显示出一条亮度适中、均匀光滑而纤细的扫描线。若在60秒之后仍未有轨迹出现,请检查示波器是否正常。

调CH_1 POSITION钮11及TRACE ROTATION 4使基线位于屏幕中间与水平坐标刻度基本重合。将示波器探头连接至CH_1输入端8并将探棒接上2Vp—p校准信号端子1。将AC—GND—DC 10置于AC位置,此时CRT上会显示方波波形。调整FOCUS 3钮使波形更清晰。欲观察细微部分,可调整VOLTS/DIV 7及TIME/DIV 29钮以显示更清晰的波形。

如果波形幅度太大或太小,可调整电压量程旋钮;如果波形周期显示不适合,可调整扫描速度旋钮。

3. 双通道操作法

双通道操作与单通道操作的步骤大致相同，仅需略作修改。

将 VERT MODE 14 置于 DUAL 位置。此时显示屏上应有两条扫描线 CH_1 的轨迹为校准信号的方波，CH_2 则因尚未连接信号，轨迹呈一条直线。

将探棒连接至 CH_2 输入端 20 并将探棒接上 2Vp－p 校准信号端子 1。按下 AC－GND－DC 置于 AC 位置，调 POSITION 钮 11/19 以使两条轨迹均正常显示。

在双轨迹(DUAL 或 ADD)模式中操作时，SOURCE 选择器 23 必须拨向 CH_1 或 CH_2 位置，选择其作为触发源。若 CH_1 及 CH_2 的信号同步，二者的波形皆会是稳定的；若不同步则仅有选择器所设定之触发源的波形会稳定，此时若按下 TRIG. ALT 键 27 则两种波形都会同步稳定显示。

4. ADD 模式操作

将 MODE 选择器 14 置于 ADD 位置时，可显示 CH_1 及 CH_2 信号相加之和。按下 CH_2 INV 键 16 则会显示 CH_1 及 CH_2 信号之差。为求得正确的计算结果，事前请先以 VAR. 钮 9/21 将两个通道的精确度调成一致。任一频道的 POSITION 钮皆可调整波形的垂直位置，但为了维持垂直放大器的线性，最好将两个旋钮都置于中央位置。

5. 触发

触发是操作示波器时非常重要的步骤，请依照下列步骤仔细进行。

当设定于 AUTO 位置时，将会以自动扫描方式操作。在这种模式之下即使没有输入触发讯号扫描产生器仍会自动产生扫描线，若有输入触发信号时，则会自动进入触发扫描方式工作。一般而言，当在初次设定面板时，AUTO 模式可以比较容易地得到扫描线，直到其他控制旋钮均设定完成，将其再切回 NORM 模式。因为 NORM 模式可以得到更好的灵敏度。AUTO 模式一般用于直流测量以及信号振幅非常低，以至于低到无法触发扫描的情况下使用。

6. TIME/DIV 功能说明

此旋钮可用来控制所要显示波形的周期数。假如所显示的波形太过于密集时，则可将此旋钮转至较快速扫描位；假如所显示的波形太过于稀疏，或当输入信号可能呈现一直线，则可将此旋钮转至低速扫描位，以显示完整的周期波形。

附录 4　DG1022U 型函数信号发生器

DG1022 双通道函数发生器使用直接数字合成（DDS），双通道输出，100 MSa/s采样率，14 bits 垂直分辨率，输出 5 种标准波形，内置 48 种任意波形。具有丰富的调制功能，可输出线性/对数扫描和脉冲串波形。内置高精度、宽频带频率计，可测量范围：100～200 MHz（单通道）。

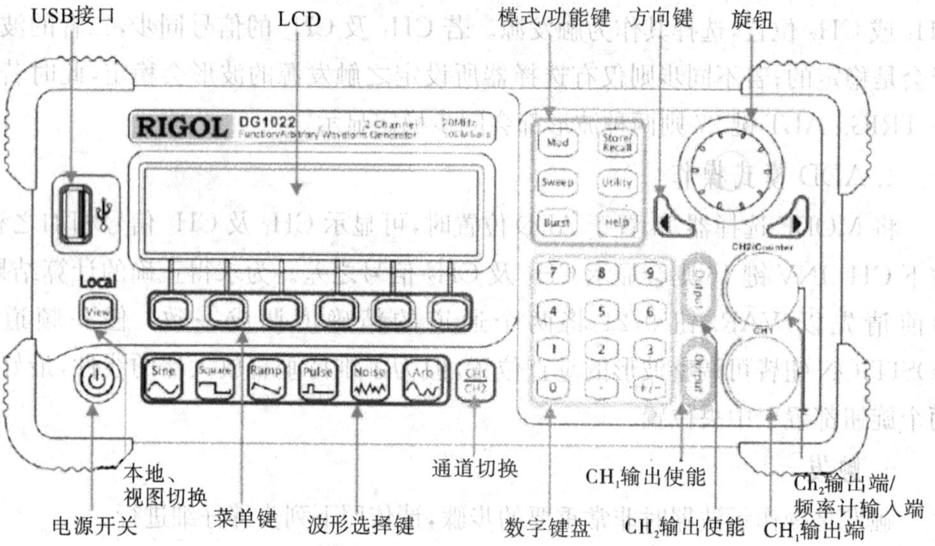

图 F4—1 DG1022 双通道函数信号发生器面板

参考文献

[1] 胡体玲,张显飞,胡仲邦.线性电子电路实验(第2版)[M].北京:电子工业出版社,2014.
[2] 罗杰,谢自美.电子线路设计·实验·测试(第5版)[M].北京:电子工业出版社,2015.
[3] 查丽斌,张凤霞.模拟电子技术[M].北京:电子工业出版社,2013.
[4] 秦杏荣.电路实验基础[M].上海:同济大学出版社,2005.
[5] 童诗白,华成英.模拟电子技术基础[M].北京:高等教育出版社,2006.
[6] 康华光.电子技术基础[M].北京:高等教育出版社,2006.
[7] 姚缨英.电路实验教程(第2版)[M].北京:高等教育出版社,2011.
[8] 邱关源.现代电路理论[M].北京:高等教育出版社,2001.
[9] 张步新,曹树林等.测量不确定度评定及应用[M].北京:水利电力机械,2003.
[10] 谭述芝,电工实验[M].成都:西南交通大学出版社,2013.
[11] 胡仁杰,电工电子创新实验[M].北京:高等教育出版社,2010.
[12] 吴慎山.模拟电子技术实验与实践[M].北京:电子工业出版社,2011.
[13] 李新成.电子技术实验[M].北京:中国电力出版社,2012.
[14] 章俊华,苏明.电子基础元器件检测[M].成都:西南交通大学出版社,2014.
[15] 康华光,陈大钦,张林.电子技术基础(模拟部分)第6版[M].北京:高等教育出版社,2014.
[16] 康华光,秦臻,张林.电子技术基础(数字部分)第6版[M].北京:高等教育出版社,2014.
[17] 赵会兵,朱云.电子测量技术[M].北京:高等教育出版社,2011.
[18] 阎石.数字电子技术基础(第5版)[M].北京:高等教育出版社,2006.
[19] 集成电路手册编委会.标准集成电路数据手册 CMOS 4000 系列电路[M].北京:电子工业出版社,1995.
[20] 固纬电子.GOS-620 示波器使用说明书[OB/OL].https://wenku.

baidu. com/view/c6ad44ab8bd63186bcebbcd2. html.

[21] 普源精电科技. 普源 DG1022 函数—任意波形发生器使用手册[DB/OL]. https://www. rigol. com/Cn/Index/ListView/catid/27/tp/1/cat/6/xl/4.